"十二五"职业教育国家规划教材

经全国职业教育教材审定委员会审定

住房和城乡建设部中等职业教育建筑施工与建筑装饰专业指导委员会规划推荐教材

建筑装饰表现技法

（建筑装饰专业）

巫 涛 主 编

黎 林 刘 怡 任萍萍 副主编

U0285519

中国建筑工业出版社

图书在版编目（CIP）数据

建筑装饰表现技法 / 巫涛主编 . —北京：中国建筑工业出版社，
2014.12

"十二五"职业教育国家规划教材经全国职业教育教材审定委
员会审定.住房和城乡建设部中等职业教育建筑施工与建筑装饰专
业指导委员会规划推荐教材（建筑装饰专业）

ISBN 978-7-112-17571-0

Ⅰ.①建… Ⅱ.①巫… Ⅲ.①建筑装饰—建筑制图—技法（美
术）—中等专业学校教材 Ⅳ.①TU204

中国版本图书馆CIP数据核字（2014）第282379号

　　本教材编者结合多年教学实践经验，针对中职学校学生的基础和未来发展的需要以及建筑装饰表现技法的特点，内容分
为三大模块，第一模块是建筑装饰手绘基础技能，要求学生学完之后，能够掌握手绘的通用美术基础技能；第二模块为绘制
空间各要素，要求学生运用掌握通用美术的基本技能表现专业空间要素，第三模块是各种空间的表现技能，要求学生具备通
用美术基础和专业手绘基础之后，独立完成一个居室装饰和小型公共空间装饰项目的手绘任务。

　　本教材适用于中等职业建筑装饰专业的教学使用，对其他相关专业从业人员也有参考价值。

责任编辑：陈　桦　刘平平　杨　琪
书籍设计：京点制版
责任校对：李美娜　刘梦然

"十二五"职业教育国家规划教材经全国职业教育教材审定委员会审定
住房和城乡建设部中等职业教育建筑施工与建筑装饰专业指导委员会规划推荐教材

建筑装饰表现技法

（建筑装饰专业）

巫　涛　主　编

黎　林　刘　怡　任萍萍　副主编

＊

中国建筑工业出版社出版、发行（北京西郊百万庄）
各地新华书店、建筑书店经销
北京京点图文设计有限公司制版
北京缤索印刷有限公司印刷

＊

开本：787×1092毫米　1/16　印张：11¼　字数：260千字
2016年3月第一版　2016年3月第一次印刷
定价：**49.00**元（赠课件）
ISBN 978-7-112-17571-0
　　　　（26776）

本系列教材编委会 ◆◆◆

序言 ◆◆
Preface

　　住房和城乡建设部中等职业教育专业指导委员会是在全国住房和城乡建设职业教育教学指导委员会、住房和城乡建设部人事司的领导下，指导住房城乡建设类中等职业教育（包括普通中专、成人中专、职业高中、技工学校等）的专业建设和人才培养的专家机构。其主要任务是：研究建设类中等职业教育的专业发展方向、专业设置和教育教学改革；组织制定并及时修订专业培养目标、专业教育标准、专业培养方案、技能培养方案，组织编制有关课程和教学环节的教学大纲；研究制订教材建设规划，组织教材编写和评选工作，开展教材的评价和评优工作；研究制订专业教育评估标准、专业教育评估程序与办法，协调、配合专业教育评估工作的开展等。

　　本套教材是由住房和城乡建设部中等职业教育建筑施工与建筑装饰专业指导委员会（以下简称专指委）组织编写的。该套教材是根据教育部 2014 年 7 月公布的《中等职业学校建筑工程施工专业教学标准（试行）》、《中等职业学校建筑装饰专业教学标准（试行）》编写的。专指委的委员参与了专业教学标准和课程标准的制定，并将教学改革的理念融入教材的编写，使本套教材体现最新的教学标准和课程标准的精神。教材编写体现了理论实践一体化教学和做中学、做中教的职业教育教学特色。教材中采用了最新的规范、标准、规程，体现了先进性、通用性、实用性的原则。本套教材中的大部分教材，经全国职业教育教材审定委员会的审定，被评为"十二五"职业教育国家规划教材。

　　教学改革是一个不断深化的过程，教材建设是一个不断推陈出新的过程，需要在教学实践中不断完善，希望本套教材能对进一步开展中等职业教育的教学改革发挥积极的推动作用。

住房和城乡建设部中等职业教育建筑施工与建筑装饰专业指导委员会

2015 年 6 月

为了加强建筑装饰专业教材的建设，不断提高教育、教学质量，培养合格技术人才，编写了《建筑装饰表现技法》教材。本课程是一门职业技术基础课，具有实践绘图性突出的特点，是建筑装饰、室内设计等专业的主干课程。

本课程与室内设计风格与流派课程相互穿插，目的是通过对设计表现方法的研究和技法的训练，使学生熟练掌握多项技能，从而能熟练地运用各种技法为实际设计项目服务。不仅要让学生了解建筑装饰综合表现技法的相关知识，更要能熟练地运用各种技法为实际设计项目服务。突出钢笔、彩铅、马克笔及水彩等工具的使用并贴近设计实践应用，较好地表达设计的思想和意图。

为了达到课程的目的和要求，我们在调研同类型教材的基础上，结合多年教学实践经验，针对中职学校学生的基础和未来发展的需要以及建筑装饰表现技法的特点，我们将教材内容分为三大模块，第一模块要求学生学完之后，能够掌握手绘的通用美术基础技能；第二模块要求学生掌握运用通用美术的基本技能表现专业空间要素的手绘技能；第三模块要求学生具备通用美术基础和专业手绘基础之后，具备独立完成一个居室装饰和公共空间装饰项目的手绘专业图件。

本课程教材编著的基本特点是针对中职学生的需求，一是将手绘学习内容归纳为基础、专业基础、专业表现三大模块，由易到难、循序渐进，不仅让学生了解综合表现技法的相关知识，更能熟练地运用各种技法为室内设计项目服务，既满足课堂教学要求又便于学生自学；二是除了让学生掌握表现的基础知识外，还增加了手绘作品欣赏和综合练习题的内容。通过展示不同的手绘作品使学生学习使用不同材料、不同技法和不同的透视角度来表现各种风格的室内设计效果，同时提高学生艺术的欣赏能力。各模块学习之后的综合练习使学生加深对知识点的掌握，便于教师及时了解教学效果和把控学生学习进度；三是紧跟建筑装饰专业前沿技术和时代发展的需要。在教材的模块3里，把空间的表现分为两大部分：家装（家居空间）及公装（小型公共空间）两部分，同时还加入景观的表现内容，将公共空间中园林景观的手绘表现纳入教材内容的编著，拓展了学生的技能，适应社会需求。这是与以往教材的不同之处。

　　本书编著和出版过程中得到了领导和卓越手绘、庐山手绘等有关单位的大力支持。同时得到了杜键、蒋柯夫、晏钟、王微微等专家的鼎力支持和帮助，在此一并表示衷心的感谢！

　　由于编写时间短促，编者水平有限，不够完善的地方在所难免，敬请读者指正。

编者

2014 年 11 月

目录 ◆◆◆
Contents

模块 1
建筑装饰手绘基础技能

项目 1 室内手绘概述

任务 1 手绘表现的艺术价值和魅力

【任务描述】

> 建筑装饰表现手绘效果图利用绘画的手段表现设计思路，它是快速表现设计灵感和风格的媒介。学生需综合运用各种手绘技巧和相关知识，对空间的透视比例、尺度、材质、气氛、色彩心理等准确把握，能熟练地运用建筑装饰的手绘表现技法。

【任务分析】

（1）室内手绘表现的作用和目的是什么？

（2）手绘表现技法的艺术性与风格特点有哪些？

（3）如何塑造独特的表现风格？

【任务实施】

1. 室内手绘表现的目的和作用

在科技飞速发展的今天，建筑装饰效果图用电脑制作较多一些，电脑效果图表现比较真实，但在艺术表现力上却远远不如手绘效果图生动。

手绘在设计中起到非常关键的作用，由于手绘有表现迅速并且直观这一优点，所以在与客户的交谈中，能直观并且快速的表现设计者的设计理念和意图，客户也更容易理解。与此同时，手绘为设计的修改也创造了便利的交流和沟通渠道。

另外，手是人的第二大脑。在手指做复杂、精巧的动作时，脑血流量就会增加35%

以上。脑血流量相对增加了，就有利于思维的敏捷。因此，手绘不仅能快速记录瞬间的灵感和创意，而且还可以锻炼人的表现能力、创意能力和洞察能力等，从而提高设计能力。

2. 手绘表现技法的艺术性与风格特点

因为手绘表现是绘画艺术的继承和发展，所以手绘效果图更具有艺术气质，使得实际方案更具有艺术优势。由于不同设计者对线、透视、材质、透视、光影等各个设计元素的偏好和感悟不同，决定了手绘应该是丰富自由的，设计者不能局限于僵化的表现形式，一味模仿，而应在掌握表现基础知识后，不断的实践和积累经验，努力探索，从而形成各自不同的手绘风格特点。无论什么风格，形神兼具是手绘表现艺术的最高境界。

【学习支持】

如何塑造自我独特的表现风格？

手绘风格形成主要成型于设计者的设计思路、透视造型、明暗色彩、构图布局能力，它的形成取决于设计者的四个素质条件：

（1）手绘实践中的习惯和偏好。

（2）设计者的审美水平。

（3）艺术的天赋与后天修养双重具备。

（4）勤学苦练，善于感悟。

【学习提示】

要避免手绘表现技法学习的两种极端思维：

（1）过度重视手绘，手绘只是展示设计思维，并不是一门绘画艺术。

（2）过度依赖计算机，过度依赖机器，会导致思维死板，缺乏创作灵感和表现艺术。

【深化实践】

利用所学美术知识临摹一张绘制效果图。

【评价】

任务名称：

评价项目	评价内容	权重（%）	自评	组评	师评	总评（平均值）
思考与探究能力评价 10%	能主动预习本项任务，并就工作任务内容、步骤提出独立见解	4				
	能思考总结教师就本项任务提出的问题并做出正确处理	3				
	能有效归纳手绘的应用	3				

续表

评价项目	评价内容	权重（%）	自评	组评	师评	总评（平均值）
协作交流能力评价20%	能准确理解小组成员的见解，并清晰表达个人意见	4				
	能就本项任务实施过程中遇到的问题进行有效交流	6				
	能概括总结上述交流成果并给出独立判断	6				
	能在任务实施过程中与小组成员紧密协作	4				
实践能力评价20%	能依据指引独立完成简单的临摹	4				
	能在教师及小组成员协作下用所学的美术知识完成较难的临摹	4				
	能总结经验独立完成较难的绘画	6				
	能灵活运用已掌握技能解决实践中遇到的问题	6				
任务完成效果评价40%	任务完成方式正确	10				
	任务完成度高、效果良好	20				
	深化实践能力强	10				
情感目标完成度评价10%	积极参与任务研究、学习及实践	4				
	尊重小组成员及指导教师	3				
	遵守教学秩序	3				
合计						

【知识链接】

《浅谈室内手绘的重要性》——《才智》2010 年 23 期　作者：李竞

《手绘图对室内设计的作用》——《艺海》2010 年第 09 期　作者：张志军

任务 2　手绘效果图布局经营

【任务描述】

　　手绘效果图布局经营是综合表现室内手绘效果图的关键，它利用不同的技法和透视来表现各种室内设计效果，准确的布局使设计者可以更好地表达设计意图和设计风格。

【任务分析】

（1）手绘效果图布局的作用是什么？

（2）手绘效果图布局包含哪些元素？

（3）手绘效果图的风格如何选择？

【任务实施】

手绘效果图布局经营的作用：

（1）有利于拓宽思维。通过对设计图纸的布局经营，熟练地对画面进行设计布局使得设计者能更快更准的表达设计理念，让客户更容易理解设计者的构思与创意。

（2）有利于培养空间概念。通过对室内效果图的各个元素布局，帮助设计者有效地锻炼空间思维，发现形体的变化规律，不断培养立体感。

【学习支持】

手绘效果图布局包含元素：

（1）结构：把复杂的结构概括成简单的几何体，更有助于表现物体的结构特征。

（2）透视：掌握科学的三维空间表现规律，才能保证每个造型在空间内部视觉准确。

（3）质感：材质的表现不仅真实的表现室内装饰效果，而且使设计更具风格。

（4）光影：光影是营造室内装饰风格的重要手段，好的灯光设计可以体现空间的品位，也起到分格空间的作用。

（5）色彩：色彩除了给人不同的心理感受，还可以视觉上改变室内的空间大小。

【学习提示】

室内表现不同风格需要慎重的选择布局方式，不能一概而论。

【技能训练】

分析图 1-1 手绘效果图的布局特点。

图 1-1 卧室效果图 张佳琳 绘

【评价】

任务名称：

评价项目	评价内容	权重（%）	自评	组评	师评	总评（平均值）
思考与探究能力评价10%	能主动预习本项任务，并就工作任务内容、步骤提出独立见解	4				
	能思考总结手绘效果图布局的问题并做出正确处理	3				
	能有效收集完成手绘效果图布局所需要素信息并就信息做出风格的归纳应用	3				
协作交流能力评价20%	能准确理解小组成员的见解，并清晰表达个人意见	4				
	能就本项任务实施过程中遇到的问题进行有效交流	6				
	能概括总结上述交流成果并给出独立判断手绘效果图选用的布局经营方式	6				
	能在任务实施过程中与小组成员紧密协作	4				
实践能力评价20%	能依据指引独立完成简单的手绘效果图布局	4				
	能在教师及小组成员协作下完成较难的手绘效果图布局	4				
	能总结经验独立完成较难的手绘效果图布局	6				
	能灵活运用已掌握技能解决实践中遇到的问题	6				
任务完成效果评价40%	能针对装饰风格选择适合的手绘效果图布局	10				
	任务完成度高、效果良好	20				
	深化实践能力强	10				
情感目标完成度评价10%	积极参与任务研究、学习及实践	4				
	尊重小组成员及指导教师	3				
	遵守教学秩序	3				
合计						

【知识链接】

《学生手绘创作构图意识培养方法探讨》——《职业教育研究》2000 年第 12 期作者：蔡舜

《室内设计风格图文速查》—— 机械工业出版社 2010 年 8 月　作者：高钰

任务 3 手绘学习方法和步骤

【任务描述】

> 要学会对透视、材质、色彩、空间的综合表达，必须得掌握正确、科学的室内手绘学习方法和步骤，才能获得事半功倍的效果。

【任务分析】

（1）室内手绘有哪些方法？

（2）室内手绘的步骤是什么？

（3）怎样判定室内手绘图的优劣？

【任务实施】

1. 手绘的方法

（1）多练。要重视素描能力、色彩能力、识图能力等基本功的训练，初学者可以多临摹一些好的作品，学习各种不同的表观方法和风格。

（2）多看。经常观察周围的物体，把室内、外空间中各种复杂的物象抽象为几何形体，掌握其位置、大小、比例、透视、色彩搭配、场景气氛等。

（3）多想。在欣赏优秀作品的时候，注意体会设计者对空间的观察和理解以及作画步骤和表现技法，善于总结学习，勤于总结归纳，寻找室内手绘的一般规律，各种物体的表现技法可以归纳为：

◆ 水平面表现技法（顶棚、地面、桌面等）。

◆ 垂直面表现技法（墙、门、窗等）。

◆ 圆、弧面表现技法（灯具、陈设品等）。

◆ 质感表现技法（木纹、大理石、棉布等）。

2. 手绘效果图的学习步骤

步骤一："线"的练习。线是一切设计艺术的基础，线是一幅手绘表现图的骨骼，"线"的好坏往往决定一幅效果图的成败。

步骤二：几何形体的塑造。生活中许多复杂的物体，通过归纳都可以用几何体来表现，学习几何体的塑造将有利于对形体结构的把握。

步骤三：透视原理的学习。透视是对在二维平面上绘制出三维立体效果规律的学习。

步骤四：色彩的运用。颜色是手绘效果图的血肉，它往往决定设计的风格。

步骤五：单体表现。将空间物体单独列出来，对其色彩、透视、质感等表现进行训练。

步骤六：空间组合练习。将单体在统一的透视空间里面组合起来，形成完整的手绘效果图。

【学习支持】

感性与理性的学习训练方法和要求：

作为设计师没有敏锐的直觉素质是不行的，而直觉能力的提高同理性训练又是不可分割的。

临摹和写生，即所谓的师古人与师造化。画画有两种画法，一是手画，二是心画。从真正意义上来讲，首先要做到心读、心画，领会原作的真意再下笔，这样才能有好作品。在写生的过程中进一步通过观察（练眼）、思考（练脑）以及表现（练手），可加深对各种不同表现技法的理解和真正的掌握，做到眼、脑、手的高度统一与完美结合。

默写与创造，默写和想象能力对学习设计艺术的人来说是重要的。想象力是智力高度发展的体现。任何一件事物都有其两面性，手绘效果图的一个特点是具有一定程式化的画法，这套程式化画法步骤、方法明确，学习效果理想。缺点是初学者很容易被这种程序化套死，表现方法单一没有新意。除了综合技法训练的表现外，还要进行新技法、新课题的尝试训练以开拓思路。

【学习提示】

一副效果图是否优秀，要看空间尺寸和位置是否安排精准，透视是否把握正确并符合该设计的风格要求，造型结构是否准确，最主要还是要看是否清晰地表达设计理念。

【技能训练】

列举几位优秀室内设计师，并对作品进行分析。

【评价】

任务名称：

评价项目	评价内容	权重（%）	自评	组评	师评	总评（平均值）
思考与探究能力评价 10%	能主动预习本项任务，并就手绘学习方法、步骤提出独立见解	4				
	能思考总结教师就本项任务提出的问题并做出正确处理	3				
	能有效收集完成手绘学习方法和步骤所需信息并就信息做出归纳应用	3				

续表

评价项目	评价内容	权重（%）	自评	组评	师评	总评（平均值）
协作交流能力评价 20%	能准确理解小组成员的见解，并清晰表达个人意见	4				
	能就手绘学习方法和步骤实施过程中遇到的问题进行有效交流	6				
	能概括总结上述交流成果并给出独立判断	6				
	能在任务实施过程中与小组成员紧密协作	4				
实践能力评价 20%	熟悉手绘学习方法和步骤	4				
	能归纳各种形体的手绘表达方法	4				
	能对手绘学习方法和步骤的思路有一定的领悟	6				
	能灵活运用已掌握技能解决实践中遇到的问题	6				
任务完成效果评价 40%	任务完成方式正确	10				
	任务完成度高、效果良好	20				
	能熟知 3 位以上著名设计师的手绘学习方法	10				
情感目标完成度评价 10%	积极参与任务研究、学习及实践	4				
	尊重小组成员及指导教师	3				
	遵守教学秩序	3				
合计						

【知识链接】

《室内设计实用手绘教学示范》——大连理工大学出版社　2009 年 7 月　作者：裴爱群

项目 2　透视原理概述

任务 1　透视概述

【任务描述】

透视对于手绘效果图来讲非常重要，在画效果图时，了解透视原理后很大程度是凭感觉画。透视就是近大远小、近高远低、近实远虚，这是我们在日常生活中常见的现象。只有学好透视才能在二维平面上绘制出立体（三维）效果。

【任务分析】

（1）透视有哪些种类？

（2）透视有哪些规律？

【任务实施】

由于人的眼睛特殊的生理结构和视觉功能，任何一个客观事物在人的视野中都具有近大远小、近长远短、近清晰远模糊的变化规律，同时人与物体之间由于空气对光线的阻隔，物体的远、近在明暗、色彩等方面也会有不同的变化。因此，透视分为两类：即形体透视和空间透视。

1. 透视的分类

形体透视亦称几何透视，如平行透视、成角透视、倾斜透视、圆形透视等。

色彩透视亦称空气透视，是指形体近实远虚的变化规律，如明暗、色彩等。

2. 透视的一般规律

（1）图形的重叠关系

如图 1-2 表现立体透视时，往往近处的表现为完整的形态，远处的形体被遮挡而表现不完整。

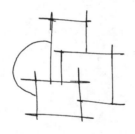

图 1-2　图形的重叠关系

（2）远近关系

随着物体由近到远，物体的明暗和对比越来越弱、物体形状越来越小如图 1-3。

图 1-3　远近关系

（3）色彩关系

远处颜色偏冷，较模糊；近处多暖色，清晰。

如图 1-4，两图描绘的都是走廊地板。前者是采取了近大远小的透视方法，后者按照砖块尺寸比例如实再现的，结果有人会把后者看成格子，认为前者才是地板，可见透视是表现三维的重要元素。

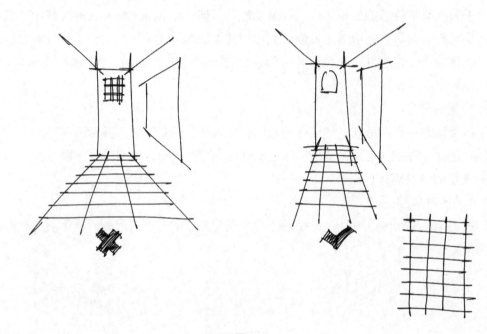

图 1-4

【学习支持】

（1）视平线：就是与画者眼睛平行的水平线。

（2）心点：就是画者眼睛正对着视平线上的一点。

（3）视点：就是画者眼睛的位置。

（4）视中线：就是视点与心点相连，与视平线成直角的线。

（5）消失点：就是与画面不平行的成角物体，在透视中伸远到视平线心点两旁的消失点。

（6）天点：就是近高远低的倾斜物体（建筑物屋顶的前面），消失在视平线以上的点。

（7）地点：就是近高远低的倾斜物体（建筑物屋顶的后面），消失在视平线以下的点。

【学习提示】

在透视关系中，越靠前两物体之间的距离越大，越靠后距离越小。例如公路旁边的树木，越靠前的两根之间的距离越大，最后两根树木之间的距离较小。

【技能训练】

拷贝照片，领悟透视的原理。

图 1-5

【评价】

任务名称：

评价项目	评价内容	权重（%）	自评	组评	师评	总评（平均值）
思考与探究能力评价 10%	能主动预习本项任务，并就透视概述提出独立见解	4				
	能思考总结教师就透视提出的问题并做出正确处理	3				
	能有效收集完成透视的分类信息做出归纳应用	3				
协作交流能力评价 20%	能准确理解小组成员的见解，并清晰表达个人意见	4				
	能就本项任务实施过程中遇到的问题进行有效交流	6				
	能概括总结上述交流成果并给出独立判断	6				
	能在任务实施过程中与小组成员紧密协作	4				
实践能力评价 20%	能依据指引独立完成简单的透视图绘制	4				
	能在教师及小组成员协作下完成较难的透视绘制	4				
	能总结经验独立完成较难的操作	6				
	能灵活运用已掌握技能解决实践中遇到的问题	6				

续表

评价项目	评价内容	权重 （%）	自评	组评	师评	总评 （平均值）
任务完成效果 评价40%	能准确把握透视的规律	10				
	任务完成度高、效果良好	20				
	拷贝绘制的场景图符合透视要求	10				
情感目标完成度 评价10%	积极参与任务研究、学习及实践	4				
	尊重小组成员及指导教师	3				
	遵守教学秩序	3				
合计						

【知识链接】

《浅谈如何讲解造型基础基本规律》——《科技视界》2011 年第 27 期　作者：刘明

任务 2　透视类型

【任务描述】

　　利用透视多角度推敲室内手绘设计是完成优秀设计的关键一步。学会运用透视画法把抽象的平面，用直观、形象的效果图表现出来，使设计意图更加容易让人理解。在绘制效果图的时候，设计者需要从设计风格出发选择透视的种类，突出表现重点，体现设计气质。

【任务分析】

（1）透视一共分几类？

（2）一点透视、两点透视的概念和特征是什么？

【任务实施】

1. 一点透视

当形体的一个主要面平行于画面，而其他面的线垂直于画面，并且斜线消失在一个点上所形成的透视，称为一点透视（图 1-6、图 1-7）。

优点：一点透视比较适合表现大的场面，纵深感很强。

缺点：画面比较呆板，不够活泼。

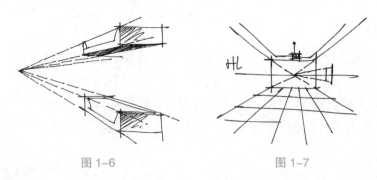

图 1-6   图 1-7

2. 两点透视

当物体只有垂直线平行于画面，二水平线倾斜形成两个消失点时形成的透视，称为两点透视。

优点：两点透视画面效果比较活泼、自由（图 1-8、图 1-9）。

缺点：视角选取不准，容易产生变形，不易控制。

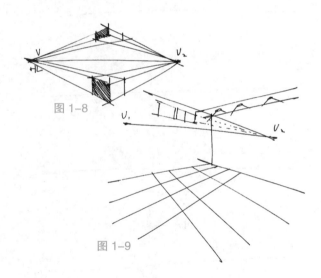

图 1-8

图 1-9

3. 三点透视，如图 1-10。

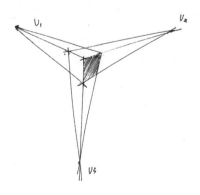

图 1-10　三点透视

【学习支持】

在室内设计选用透视的时候，一点透视和两点透视是最常用的两种透视，他们的不同是：

（1）一点透视可以看见三面墙，两点透视只能看到两面墙。

（2）一点透视是站在物体正面观察，两点透视是不站在正面观察。

【学习提示】

注意空间内的每个物体要与灭点相连，一点透视的画面只有一个灭点。

【深化实践】

一点透视的绘制步骤（图1-11）：

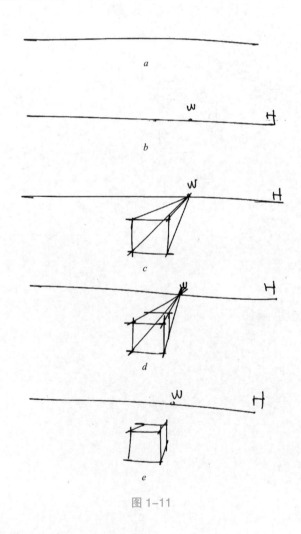

图 1-11

步骤一：确定视平线的位置（图1-11a）。

步骤二：确定灭点的位置。一点透视只有一个灭点（图 1-11*b*）。

步骤三：确定透视的角度。立方体在视平线之下，平行于画面（图 1-11*c*）。

步骤四：将立方体与画面平行的那个面上的所有的点连接于灭点。确定立方体的深度（图 1-11*d*）。

步骤五：擦掉辅助线，得到一点透视立方体（图 1-11*e*）。

任务名称：

评价项目	评价内容	权重（%）	自评	组评	师评	总评（平均值）
思考与探究能力评价 10%	能主动预习本项任务，并就透视类型内容、步骤提出独立见解	4				
	能思考总结教师就透视类型提出的问题并做出正确处理	3				
	能有效收集成透视类型所需信息并就信息做出归纳应用	3				
协作交流能力评价 20%	能准确理解小组成员的见解，并清晰表达个人意见	4				
	能就本项任务实施过程中遇到的问题进行有效交流	6				
	能概括总结上述交流成果并给出独立判断	6				
	能在任务实施过程中与小组成员紧密协作	4				
实践能力评价 20%	能依据指引独立完成简单的形体透视	4				
	能在教师及小组成员协作下完成较难的形体透视绘制	4				
	能总结经验独立完成较难的形体透视绘制	6				
	能灵活运用已掌握技能解决实践中遇到的问题	6				
任务完成效果评价 40%	任务完成方式正确	10				
	任务完成度高、效果良好	20				
	准确绘制一点透视和两点透视	10				
情感目标完成度评价 10%	积极参与任务研究、学习及实践	4				
	尊重小组成员及指导教师	3				
	遵守教学秩序	3				
合计						

【知识链接】

《景观设计与表达：透视绘画技法》——人民邮电出版社 2012 年 11 月 作者：吉尔·罗宁（GillesRonin）

任务 3 透视应用

【任务描述】

> 设计方案的表达并不是要对空间的表达面面俱到，而是要抓住设计重点和亮点。因此必须选择正确的透视来表现，是为了体现全景选择一点透视或者是微角透视，还是选择表现局部的两点透视。

【任务分析】

（1）透视应该怎么运用？

（2）不同透视的特点是什么？适合于什么样的室内设计风格？

【任务实施】

1. 一点透视

视眼比较广，表现范围大，比较容易掌握。

2. 两点透视

透视比较自由，最接近于人们的视觉感受，但是不容易掌握。

【学习支持】

一点透视往往用于较大的客厅，例如简约欧式、中式客厅、会议室、别墅等较大空间的表现。

（1）表现室内某个陈设或者角落的时候，可以选择两点透视，局部刻画。

（2）想表现某侧的设计时，可以选择该侧的微角透视，另外一侧概括表达。

【学习提示】

画两点透视比画一点透视难度大，但画面效果比较活泼、自由，能够直观地反映空间效果，但如果角度选择不准容易产生变形，不要将横线画的太斜最好把消失点离得远一些，取到画面以外。

【技能训练】

（1）利用一点透视，练习一组在视平线中间、上下、左右的 9 个角度的立方体。

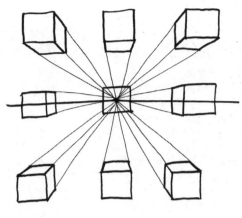

图 1-12

（2）利用两点透视绘制上下左右 9 个不同方位的立方体。

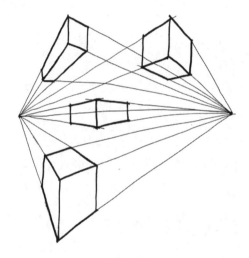

图 1-13

任务名称：

评价项目	评价内容	权重（%）	自评	组评	师评	总评（平均值）
思考与探究能力评价 10%	能主动预习本项任务，并就透视的应用提出独立见解	4				
	能思考总结教师就透视应用提出的问题并做出正确处理	3				
	能有效收集完成透视应用所需信息并就信息做出归纳应用	3				
协作交流能力评价 20%	能准确理解小组成员的见解，并清晰表达个人意见	4				
	能就本项任务实施过程中遇到的问题进行有效交流	6				
	能概括总结上述交流成果并给出独立判断	6				
	能在任务实施过程中与小组成员紧密协作	4				

评价项目	评价内容	权重（%）	自评	组评	师评	总评（平均值）
实践能力评价20%	能依据指引独立完成透视绘制	4				
	能在教师及小组成员协作下完成较难的组合透视	4				
	能总结经验独立完成较难的透视绘制	6				
	能灵活运用已掌握技能解决实践中遇到的问题	6				
任务完成效果评价40%	运用正确的透视绘制方法	10				
	透视正确，运用恰当	20				
	能根据不同的视点绘制立方体	10				
情感目标完成度评价10%	积极参与任务研究、学习及实践	4				
	尊重小组成员及指导教师	3				
	遵守教学秩序	3				
合计						

【知识链接】

《透视在室内设计手绘效果图中的运用》——中装设计培训 网址：www.CCDDI.com.cn

项目3 手绘工具与技法概述

任务1 钢笔表现方法

【任务描述】

钢笔是常用的表现工具，它包含了美工笔、普通钢笔、针管笔和水性笔等。钢笔表现快速、高效，同时画面具有线条清晰、层次感强的特点。但由于钢笔不易涂改，因此若要想表现自如、准确、生动，就要作者胸有成竹、一气呵成，对基本功要求比较高。

图 1–14

【任务分析】

（1）钢笔绘制的优缺点分别是什么？

（2）钢笔如何表现物体的质感？

（3）钢笔画面的处理原则有哪些？

【任务实施】

1. 钢笔的表现技法

（1）轮廓表现

用线条表现客观事物的基本形态。用线来界定画面的形象和结构，是一种高度概括的抽象手法。

（2）明暗表现

明暗调子可以使物体通过对比手法更清晰的呈现。明暗对比越大，物体越清晰；明暗对比越小，物体越模糊，用来表现局部融入环境的效果，增强画面的纵深感。

钢笔由于无色彩，因此靠排线表现物体的明暗。线条密集处是"黑"，稀疏处是"灰"，留白处是"白"。从画面整体形式而言，暗色调越多，画面显得沉闷不透气；留白过多，单调乏力；灰色调过多，无空间感，画面平板无趣（图 1-15）。

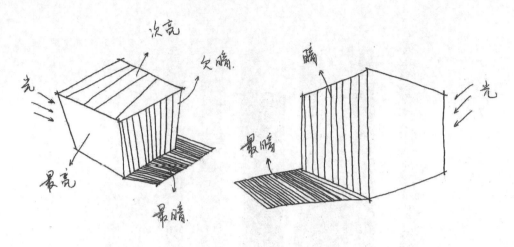

图 1-15

（3）质感表现

由于钢笔印在纸上的痕迹深浅一致，不像铅笔和炭笔等可以运用画素描的笔触形式表现物体的层次调子。因此钢笔是利用线条的组织和排列表现物体的质感。线条抑扬顿挫——刚硬物体，如桌子、柜子。线条轻柔委婉——柔软形态，如窗帘、沙发。（如：不规则波纹——木纹，点——质地细腻，柔和过度，平行线——简洁平滑的肌理，交错排列和点的罗列——粗糙无序的质感（图 1-16）。）

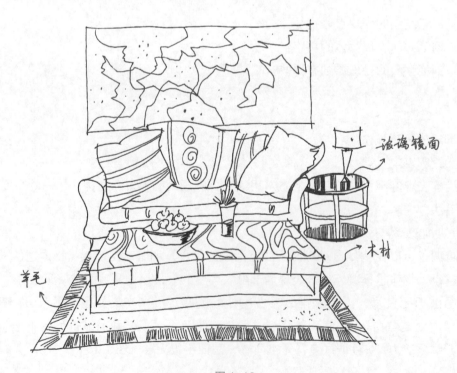

图 1-16

2. 钢笔表现绘图步骤

（1）整体观察

（2）构图布局，勾画大体轮廓

（3）整体定形，绘制整个画面

（4）局部刻画

（5）整体调整

【学习支持】

从钢笔效果图的表现技法看，它主要通过各种钢笔徒手线条的排列与组合形成丰富多彩的画面效果，在具体的画面处理中，既可用线条来勾勒与表现不同物体的外形轮廓与形体结构，也可用线条的疏密排列来表现建筑物的凹凸造型与明暗光影，使整个画面更加具有立体感觉。

1. 钢笔的排线

线条的组合要巧妙，要善于对景物做取舍和概括。平行的排列最基本的排线方式，分为垂直、水平、倾斜、弯曲等多种。开始练习时可以用淡铅笔作为底稿，再用钢笔沿铅笔重复画线。短线，快速有力；长线，趋于缓慢（图 1-17）。

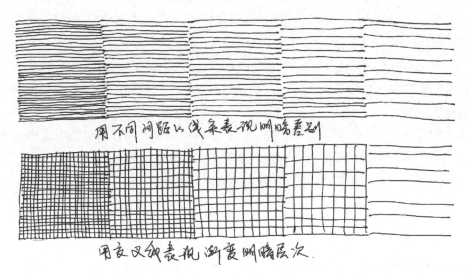

图 1-17

2. 直线

直线是在建筑手绘中最常用的线。线条本身是没有美丑之分，只有将线条置于具体画面中才有美丑的意义。快线洒脱但经常出错，慢线准确却容易呆板（图 1-18）。

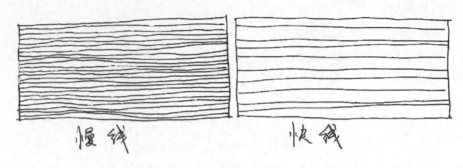

图 1-18

3. 曲线

曲线常用来画配景，如草木、人物等，或者体现物体的材质肌理。

4. 钢笔画处理原则

（1）空间：用黑白灰变现空间的纵深感。近景，层次对比比较强烈，最重灰色调和最亮白色调都在这个部位；中景，比近景淡，须舍去许多细节描绘，侧重成片地运用灰色调。远景、最虚，通常用破碎的轮廓线或者更淡的灰色调去表现。在空间表现中，并非最重的调子都在前景，主要看画面的主体在什么位置。

（2）构图：画面布局要均匀。任何形式的画面，想做到较理想的构图，画面必须要均衡又多样统一。

（3）对比：对比对构图和视觉效果起决定性作用。钢笔对比手法是多种多样的，如利用线条的粗细疏密虚实等对比、点线面穿插对比、黑白块面的对比、线条排列与运动方向的对比。

（4）视觉中心：视觉中心的营造是一幅画成功的关键，在鲜明对比中突出主体，使得画面主次分明、主体明确。营造有趣的视觉中心，要求主体位置安排得当，一般在画面中心附近，画面要虚实得当，尝试多样化的表现手段。

【学习提示】

点是物体在空间的一种状态，在线的基础上用大小、轻重、疏密不同的点的补充，可以增强表现力。如草地、水面、远山、水泥建筑等，点的运用不可缺少。

【技能训练】

用钢笔表现不同质感和肌理。

【评价】

学年　第＿＿学期　任务评价表

任务名称：

评价项目	评价内容	权重（%）	自评	组评	师评	总评（平均值）
思考与探究能力评价 10%	能主动预习本项任务，并就钢笔表现方法提出独立见解	4				
	能思考总结思考教师就钢笔表现方法提出的问题并作出正确处理	3				
	能有效收集完成钢笔表现方法所需信息并就信息作出归纳应用	3				
协作交流能力评价 20%	能准确理解小组成员的见解，并清晰表达个人意见	4				
	能就本项任务实施过程中遇到的问题进行有效交流	6				
	能概括总结上述交流成果并给出独立判断	6				
	能在任务实施过程中与小组成员紧密协作	4				
实践能力评价 20%	能依据指引正确运用钢笔	4				
	能在教师及小组成员协作下把握正确的钢笔线条排列	4				
	能总结经验灵活使用钢笔	6				
	能运用已掌握技能用钢笔表现画面黑白灰	6				
任务完成效果评价 40%	正确运用钢笔	10				
	任务完成度高、效果良好	20				
	能运用钢笔的技法表现光影、材质等	10				
情感目标完成度评价 10%	积极参与任务研究、学习及实践	4				
	尊重小组成员及指导教师	3				
	遵守教学秩序	3				
合计						

【知识链接】

《环境艺术表现技法》——出版社：上海交通大学　作者：江滨、夏克梁、倪峰。

任务2 马克笔及着色方法

【任务描述】

马克笔色彩丰富，色彩剔透、笔触清晰、风格豪放、成图迅速、表现力强，且颜色在干湿状态不同的时候不会发生变化，作为手绘效果图快速表现，马克笔是设计手绘较为理想的表现工具之一。但是马克笔的色彩不易修改与调和，因此在上色之前要对颜色以及用笔做到心中有数，下笔定要准确、利落、一气呵成。

【任务分析】

（1）马克笔有哪些种类？
（2）马克笔有哪些着色技法？
（3）马克笔的上色步骤是什么？

【任务实施】

1. 马克笔的分类

马克笔分为水性和油性两种，各有各的特性。

2. 马克笔着色技法

（1）笔触

马克笔表现技法的具体运用，最讲究的是马克笔的笔触，它的运笔一般分为点笔、线笔、排笔、叠笔、乱笔等。

点笔——多用于一组笔触运用后的点睛之处（图1-19）。

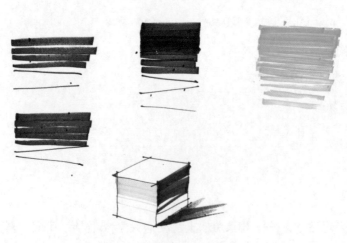

图1-19

线笔——可分为曲直、粗细、长短等变化（图 1-20）。

图 1-20

排笔——指重复用笔的排列，多用于大面积色彩的平铺（图 1-21）。

图 1-21

叠笔——指笔触的叠加，体现色彩的层次与变化（图 1-22）。

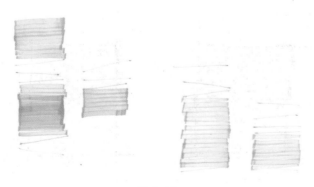

图 1-22

　　乱笔——多用于画面或笔触收尾所用，形态往往随作者的心情所定，也属于慷慨激昂之处，但要求绘者对画面要有一定的理解与感受（图1-23）。

图1-23

　　平涂——指马克笔画线中，用力、速度、笔触的形状没有明显的区别，线条均匀排列。
　　退晕——指马克笔画线中，用力、速度、笔触的形状发生了变化，或是由深变浅或是由浅变深（图1-24）。

图1-24

图1-25

重置与并置——前者是两种不同颜色叠加得到新的颜色，后者是两到三种颜色有序的组合排列获得新的色彩（图 1-26）。

图 1-26

（2）排线方法

◆ 用笔要随形体走，方可表现形体结构感（图 1-27）。横向笔触表现地面的进深，表现物与物的平直交接面，如地面、顶面等。竖向笔触表现倒影反光，如复合木地板、瓷砖地面及各种反光较强的台面。斜向排列的笔触多用于表现结构清晰明确的平面，如墙面、木地板、扣板吊顶等。

图 1-27

◆ 弧线向排列笔触多用于表现柔软的或弧形的形体结构，如窗帘、床罩、沙发、圆柱、弧形墙等。需要注意的是在用笔时，用笔的方向要和物体结构及透视协调统一，注意排列和秩序。

◆ 不要把形体画的太满，要敢于"留白"（图1-28）。

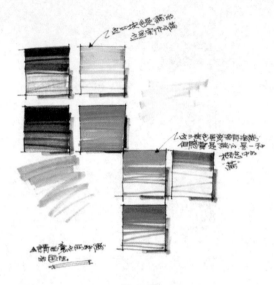

图1-28

◆ 颜色。用色不能杂乱，用最少的颜色尽量画出丰富的感觉。画面不可以太灰，要有明暗和虚实的对比关系。

马克笔不适合做大面积的涂染，需要概括性的表达，通过笔触的排列画出三四个层次即可，若层次较多，色彩会变得乌钝，失去马克笔应有的神采（图1-29）。

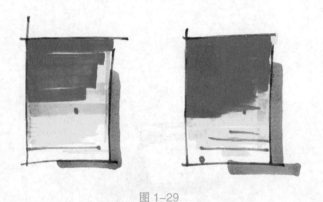

图1-29

3. 马克笔上色步骤

步骤一：线稿描绘场景。线稿是马克笔上色的前提和基础，铅笔稿要求视点选择得当，透视准确，家具比例合理并且摆放得当，明暗关系区分明确。

步骤二：区分画面明暗关系。以灰色马克笔为主，从浅色开始，从远处，或者从趣味中心开始，确定物体的大概明暗关系。

步骤三：丰富色彩，增强画面层次感。对物体的明暗进一步刻画，并且加强光影刻画。马克笔的着色只能是固有色的表达，强调的是明度的对比关系，多用同类色表现明暗，有时可以增加互补加强视觉冲击力。上色注意次序，由浅及深并且要注意留白。

步骤四：描绘细节，调整整体关系。刻画材质，添加陈设品。

【学习支持】

马克笔表现空间的方法

（1）光影：明暗交界线的笔触要排列有序，从交界线到暗部，笔触排列要由密到疏，线条由宽到细。

（2）透视：线条近粗远细，线条的排列近疏远密。

（3）材质：巧用枯笔表现粗糙的材质，通常表现木材。

【学习提示】

用笔的力度和速度直接影响画面的表现效果。用笔越重，颜色越深，反之，颜色越淡；速度慢，上色比较均匀，笔触比较明显，速度越快，会形成渐变的效果，过渡比较自然。

马克笔的笔宽也是较为固定的，因此在表现大面积色彩时要注意排笔的均匀或是用笔的概括。在使用时，是要根据它的特性发挥其特点，更有效地去表现整个画面。

马克笔不适合表现细小的物体，如树枝、线状物体等。

【技能训练】

写意渐层法——用于产生生动自然的效果（图 1-30）。

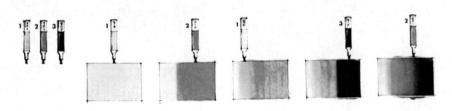

图 1-30

当两种颜色的马克笔重叠时会产生新的颜色，例如黄色和蓝色叠加会产生绿色。

（1）要产生如下图，在第一层颜色干后 2~3min 后再画就能得到如此效果。

（2）要在某一区域涂上两层某种颜色，可在第一色后等一会儿，再上第二次，这样一来会产生下一个暗值。

（3）用纸片或者卡片当做蒙片或覆盖层，以产生平整的边界。

（4）可以用白色彩铅来产生一个粗略的渐变效果。

【评价】

任务名称：

评价项目	评价内容	权重（%）	自评	组评	师评	总评（平均值）
思考与探究能力评价 10%	能主动预习本项任务，并就马克笔着色方法提出独立见解	4				
	能思考总结教师就马克笔着色方法提出的问题并做出正确处理	3				
	能有效收集完成马克笔着色方法所需信息并就信息做出归纳应用	3				
协作交流能力评价 20%	能准确理解小组成员的见解，并清晰表达个人意见	4				
	能就本项任务实施过程中遇到的问题进行有效交流	6				
	能概括总结上述交流成果并给出独立判断	6				
	能在任务实施过程中与小组成员紧密协作	4				
实践能力评价 20%	能依据指引正确运用马克笔	4				
	能在教师及小组成员协作下把握正确的马克笔笔触	4				
	能总结经验灵活使用马克笔	6				
	能运用已掌握技能用马克笔绘制色块	6				
任务完成效果评价 40%	正确运用马克笔	10				
	任务完成度高、效果良好	20				
	能运用马克笔的技法表现光影、材质等	10				
情感目标完成度评价 10%	积极参与任务研究、学习及实践	4				
	尊重小组成员及指导教师	3				
	遵守教学秩序	3				
合计						

【知识链接】

《马克笔手绘表现技法入门》——人民邮电出版社　2014年1月　作者：李国涛

任务3　彩色铅笔及着色方法

【任务描述】

　　彩色铅笔在作画时，使用方法同普通素描铅笔一样，但彩色铅笔进行的是色彩的叠加。色彩比较细腻、自然，从而表现比较逼真。因为彩色本身的大小，所以大面积作画会显得吃力（图1-31）。

【任务分析】

（1）彩色铅笔和马克笔有什么区别？

（2）彩色铅笔在上色的时候需要注意什么？

（3）彩色铅笔的上色步骤是什么？

【任务实施】

1.彩色铅笔的表现技法

（1）明暗表现

亮面和暗面的刻画。彩铅通常采取退晕来描绘大面积的

图 1–31

亮面，亮面较小时用留白，无法留白则用白色笔提亮。在刻画暗面时，明暗交界线处线条排列紧密，朝暗部推进的线条逐渐变疏变浅，融到底色中。

（2）质感表现

彩色铅笔可用来表现粗糙的质感，如岩石、草地、树干等，可以运用画素描的笔触形式表现物体的层次调子。如果选用描图纸可在纸的背面衬以窗纱、砂纸等材料，用来表现粗糙的质感。

（3）表现方法

1）在针管笔墨线稿的基础上，直接用彩色铅笔上色，着色的规律是由浅渐深，用笔要有轻、重、缓、急的变化。

2）与以水为溶剂的颜料相结合，利用它的覆盖特性，在已渲染的底子上对所要表现的内容进行更加深入、细致的刻画。由于彩色铅笔运用简便、表现快捷，可作为色彩草图的首选工具。

2.彩色铅笔的上色步骤

步骤一：绘制底图，注意结构的把握。注意把握画面的构图形式、透视的类型、视平线、视点的定位和家具、陈设的比例关系。

步骤二：整体涂浅色，明确明暗关系。由于彩色铅笔有可覆盖性，所以在控制色调时，可用单色（冷色调一般用蓝颜色，暖色调一般用黄颜色）先笼统的罩一遍，然后逐层上色后再细致刻画。

步骤三：用类似色体现物体的明暗关系。

步骤四：刻画细部，重点刻画趣味中心，营造画面的层次感。注意留白，避免画面不透气而显得沉闷。

【学习支持】

彩色铅笔的绘制技法与铅笔画的绘制技法类似，都是运用排线的手法，表现物象的质感、体感和层次关系。

1. 彩铅的排线

彩色铅笔主要是用于表现块面和各种层次的灰色调，因此要用排线的方法来实现层次的丰富变化。在进行排线重叠时重复的次数不宜过多，重复多了会失去明快感。

2. 做排线练习时需要注意的事项

（1）避免太多的平行线

（2）避免排线与排线之间等距

（3）避免排线呈放射状

（4）避免排线呈十字交叉

（5）排线要顶边

（6）注意排线的方向

【学习提示】

选用纸张也会影响画面的风格，在较粗糙的纸张上用彩铅会有一种粗犷豪爽的感觉，而用细滑的纸会产生一种细腻柔和之美。

在绘制图纸时，可根据实际的情况改变彩铅的力度，以便使它的色彩明度和纯度发生变化，带出一些渐变的效果，形成多层次的表现。

【技能训练】

用彩铅表现不同质感。

【评价】

任务名称：

评价项目	评价内容	权重（%）	自评	组评	师评	总评（平均值）
思考与探究能力评价 10%	能主动预习本项任务，并就彩色铅笔着色方法提出独立见解	4				
	能思考总结教师就彩色铅笔着色方法提出的问题并做出正确处理	3				
	能有效收集完成彩色铅笔着色方法所需信息并就信息做出归纳应用	3				
协作交流能力评价 20%	能准确理解小组成员的见解，并清晰表达个人意见	4				

续表

评价项目	评价内容	权重（%）	自评	组评	师评	总评（平均值）
协作交流能力评价 20%	能就本项任务实施过程中遇到的问题进行有效交流	6				
	能概括总结上述交流成果并给出独立判断	6				
	能在任务实施过程中与小组成员紧密协作	4				
实践能力评价 20%	能依据指引正确运用彩色铅笔	4				
	能在教师及小组成员协作下把握正确的彩色铅笔笔触	4				
	能总结经验灵活使用彩色铅笔	6				
	能运用已掌握技能用彩色铅笔绘制色块	6				
任务完成效果评价 40%	正确运用彩色铅笔	10				
	任务完成度高、效果良好	20				
	能运用彩色铅笔的技法表现光影、材质等	10				
情感目标完成度评价 10%	积极参与任务研究、学习及实践	4				
	尊重小组成员及指导教师	3				
	遵守教学秩序	3				
合计						

【知识链接】

《彩色铅笔的魅力》——上海人民美术出版社　2013 年 1 月　作者：安·卡尔伯格（AnnKullberg），余晓诗译．

任务 4　水彩颜料及着色方法

【任务描述】

水彩是一种半透明的颜料，色彩丰富，对比柔和，给人感觉温润透明，轻松活泼。适于大面积的上色。但由于它的半覆盖半透明的特质，决定了它既可利用针笔稿作底稿也可以用自身的色彩特性独立的去表现物体。

【任务分析】

（1）水彩颜料着色有哪些技法？

（2）水彩颜料着色的步骤是什么？

【任务实施】

1. 水彩的表现技法

水彩的使用方法是通过水的调和来控制色彩的饱和程度。着色的方法也是有浅至深、由淡至浓，逐渐加重，分层次一遍遍叠加完成的。由于水彩颜色的渗透力强、覆盖力弱，所以颜色的叠加次数不宜过多，一般两遍，最多三遍。同时使用的颜色种类也不能太复杂，以防止画面污浊。

具体着色时，画面浅色区域画法一般为高光处留白，用水的多少控制颜色的浓度，一般来说，浅色区域的色彩加水量比较多，浓度较淡，用自身明度高的颜色画浅色，这样既可使浅色区域色调统一在明亮的色调中，又可以有丰富的色彩变化和清澈透明感。

深色区画法一般用三种以下的颜色叠加暗部；选用自身色相较重的色彩画暗部；加大颜色的浓度，降低水在颜色中的含量。中间色调尽可能用一些色彩饱和度较高的颜色，也就是固有色。当然，色彩的运用还是要根据实际作图要求来决定的。

2. 水彩的上色步骤

步骤一：描绘线稿。水彩因其半覆盖的特性会对针笔墨线稿造成部分影响，所以用水彩进行着色时底稿一般只用针笔画出画面中物体的轮廓线与结构线，不宜作太多、太深入的刻画和塑造物体的体积感与空间感，可利用水彩自身的冷暖、深浅及浓淡，在施色中逐步完成。

步骤二：线稿完成以后，最好先用清水把画面沾湿，这样上色可以更均匀。

步骤三：用浅色上背景。等背景干透以后再次上色。

步骤四：上颜色，高光的地方不要用白色覆盖，要留出空白，因为水彩的覆盖力很差，属于透明颜料，如果直接覆盖的话会破坏画面，使颜色不纯，干了以后画面显得脏。如果希望第一次颜色跟第二次有融合，就可以等颜色半干就开始上色，如果不希望就要等到第一次全干。

步骤五：描绘细节。

【学习支持】

画水彩画的水分控制：

（1）何谓水色交融？水色交融是要求水和色紧密地结合起来，相辅相成地表现对象。不可以片面地追求水分、玩弄水分而忽视了物体造型的塑造。

（2）水色的背景处理：水彩画的背景形象可以概括简练，其笔势应大而不羁，显得空灵飘逸。有助于营造画面气氛和衬托前景。

（3）画面中的水韵：成功的水彩画要求画面富有水的韵味。即：透明、湿润、空灵、流动等迷人的视觉效果。

（4）画面的透明感：透明感是水彩画最大的语言特质。要学会合理地利用水的稀释作用来表现色彩在画面上的透明感。

（5）用笔的时间掌握：水彩画可在前一笔水色未干时，进行接色、叠色以产生一定的效果，用笔的时间掌握尤为重要。如深入刻画时第二笔的用笔时间可稍等一会，纸面的水分干些再落笔。纸面水分较多时，用笔可快些！

（6）季节、气候的影响：春天、阴雨天，空气潮湿，水分挥发慢。秋天、晴天，空气干燥，水分挥发快。在室外作画有风有阳光，水分的挥发也快。所以要根据不同的季节、气候多做水分在画面上控制的练习，掌握经验。

（7）水分控制不好的问题：水分过少，会使画面显得干、枯、滞、闷，失去水彩的特点。水分过多，水色到处流淌难以控制，不利于塑造形体。

【学习提示】

水彩表现技法与透明水色一样需要用吸水性较好的纸张，这样才不容易使画纸变形，影响画面效果。

【技能训练】

临摹一幅水彩画。

【评价】

任务名称：

评价项目	评价内容	权重（%）	自评	组评	师评	总评（平均值）
思考与探究能力评价 10%	能主动预习本项任务，并就水彩颜料着色方法提出独立见解	4				
	能思考总结教师就水彩颜料着色方法提出的问题并做出正确处理	3				
	能有效收集完成水彩颜料着色方法所需信息并就信息做出归纳应用	3				
协作交流能力评价 20%	能准确理解小组成员的见解，并清晰表达个人意见	4				
	能就本项任务实施过程中遇到的问题进行有效交流	6				
	能概括总结上述交流成果并给出独立判断	6				
	能在任务实施过程中与小组成员紧密协作	4				

续表

评价项目	评价内容	权重（%）	自评	组评	师评	总评（平均值）
实践能力评价 20%	能依据指引正确运用水彩颜料	4				
	能在教师及小组成员协作下把握水的控制	4				
	能总结经验灵活使用水彩颜料	6				
	能运用已掌握技能用水彩颜料绘制色块	6				
任务完成效果评价 40%	正确运用水彩颜料	10				
	任务完成度高、效果良好	20				
	能运用水彩绘制技法表现光影、材质等	10				
情感目标完成度评价 10%	积极参与任务研究、学习及实践	4				
	尊重小组成员及指导教师	3				
	遵守教学秩序	3				
合计						

【知识链接】

《水彩画入门》——中国电力出版社　作者：菲利普·贝里尔

任务5　手绘光影技巧

【任务描述】

对立体感的表达除了以线条和透视来表现，还需要使用光影技法。当光线照射到物体上面时，物体会出现亮面、灰面、明暗交界线、暗面、反光面等明暗变化，在素描中称三大面五大调。在表现手绘效果图中，可以根据设计效果对光影进行概括和简化。

【任务分析】

（1）不同种类的光源如何用手绘表现？

（2）手绘光影有哪些技巧？

（3）手绘光影的绘制步骤是什么？

【任务实施】

1. 光源的种类和特点

自然光：具有明显的角度。

人造光：室内中央发光。

2. 手绘光影技巧

同类色彩叠加塑造立体感

马克笔中冷色与暖色系列按照排序都有相对比较接近的颜色，编号也是比较靠近的。画受光物体的亮面色彩时，先选择同类颜色中稍浅些的颜色，在物体受光边缘处留白，然后再

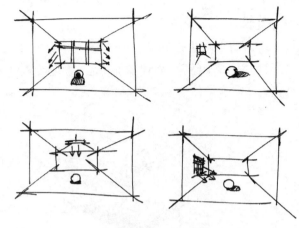

图 1-32 不同光源的表现

用同类稍微重一点的色彩画一部分叠加在浅色上，这样便在物体同一受光面表现出三个层次了。用笔要有规律：同一个方向基本成平行排列状态；物体背光处，用稍有对比的同类重颜色，方法同上。物体投影明暗交界处，可用同类色叠加数笔。

3. 光影绘制步骤

步骤一：首先判定光源在什么地方，一般建议按照窗或灯的位置来定光源。

步骤二：分辨明暗关系，从明暗交界线开始入手，光影手绘技法无论哪种光源，上亮面、侧面灰、背面暗的规律来确定光影关系。前部分可以平涂，反光位置强调笔触。

步骤三：物体亮部及高光处理。物体受光，亮部要留白；高光处要提白或点高光，可以强化物体受光状态，使画面生动，强化结构关系。

步骤四：物体暗部及投影处理。物体暗部和投影处的色彩要尽可能统一，尤其是投影处可再重一些，投影应有变化。画面整体的色彩关系主要靠受光处的不同色相的对比和冷暖关系加上亮部留白等构成丰富的色彩效果。整体画面的暗部结构起到统一和谐的作用，即使有对比也是微妙的对比，切记暗部不要有太强的冷暖对比。

步骤五：光色、环境色影响。物体除了本身的固有色外，还会受到光色和环境色的影响，特别是人造光的颜色更丰富。

【学习支持】

阴影的排线方法

阴影排线要和素描中的阴影排线有区别，手绘的排线偏向简单、不要重叠、总体均衡规整。

（1）单线排列，一个方向的线均衡排列，是最常用的手法。

（2）组合排列，两种方向的线条叠加，用来区分块面。

（3）随意排列，在追求整体效果的时候用到。

【技能训练】

常用阴影画法

（1）地面阴影。要根据形体的透视关系进行排列，线条要整齐，不要凌乱（图 1-33）。

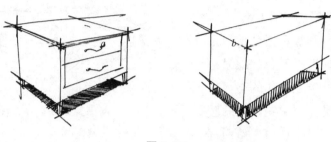

图 1-33

（2）墙面阴影。和地面阴影差不多，也要注意线条整齐有序（图 1-34）。

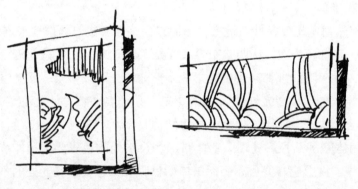

图 1-34

（3）灯光阴影。线条要比较虚，还要善于利用线条的疏密关系表现光晕（图 1-35、图 1-36）。

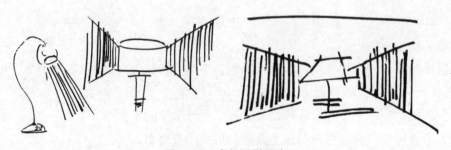

图 1-35 台灯阴影画法

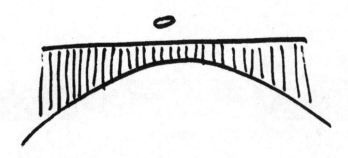

图 1-36　射灯阴影画法

（4）反光阴影。也要虚一些，线条要具有概括性（图 1-37）。

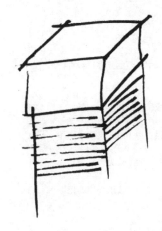

图 1-37

【学习提示】

异形阴影是要以直线来表现（图 1-38）。

图 1-38

【评价】

任务名称：

评价项目	评价内容	权重（%）	自评	组评	师评	总评（平均值）
思考与探究能力评价 10%	能主动预习本项任务，并就手绘光影内容、步骤提出独立见解	4				
	能思考总结教师就手绘光影绘制提出的问题并做出正确处理	3				
	能有效收集完成手绘光影绘制所需信息并就信息做出归纳应用	3				
协作交流能力评价 20%	能准确理解小组成员的见解，并清晰表达个人意见	4				
	能就手绘光影实施过程中遇到的问题进行有效交流	6				
	能概括总结上述交流成果并给出独立判断	6				
	能在手绘光影实施过程中与小组成员紧密协作	4				
实践能力评价 20%	能依据指引独立完成简单的单体光影绘制	4				
	能在教师及小组成员协作下完成组合体的光影绘制	4				
	能总结经验独立完成较难的手绘光影	6				
	能灵活运用已掌握手绘光影技能解决实践中遇到的问题	6				
任务完成效果评价 40%	任务完成方式正确	10				
	任务完成度高、效果良好	20				
	把握常用阴影画法	10				
情感目标完成度评价 10%	积极参与任务研究、学习及实践	4				
	尊重小组成员及指导教师	3				
	遵守教学秩序	3				
合计						

【知识链接】

《印象手绘室内设计手绘教程》——人民邮电出版社　作者：李磊

项目 4　手绘基础训练

任务 1　线条表现方法与训练

【任务描述】

　　线是造型元素中最重要的元素之一，每条看似简单的线条都具有快慢、虚实、轻重、曲直等关系，要绘制出具有生命力的线条，需要我们多加练习。不要过度的关心线条是否笔直，总体视觉平衡的线条更具有活力。

【任务分析】

（1）在室内手绘表现中，直线和曲线的表达有什么不同？

（2）通过排线，不同的线条有什么不同的性格？

（3）如何表现线的透视？

【任务实施】

1. 刚硬的直线

先在画面上确定两个点，快速连接两点，眼睛要比笔尖先到达第二个点上，反复练习（图 1-39）。

直线在手绘表现中最为常见，大多形体都是由直线构筑而成的，因此，掌握好直线技法尤为重要，画出的线条要直并且干脆而又富有力度（图 1-40）。

2. 柔软的抖线（图 1-41）

3. 柔中带刚的弧线（图 1-42）。

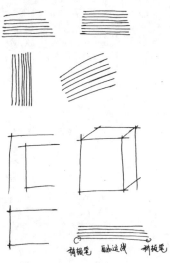

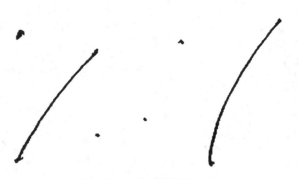

图 1-39　两点直线练习法　　　　　　　　　　图 1-40　刚硬的直线

图 1-41   图 1-42

4. 不同线条形式表现不同特质的面（图 1-43）。

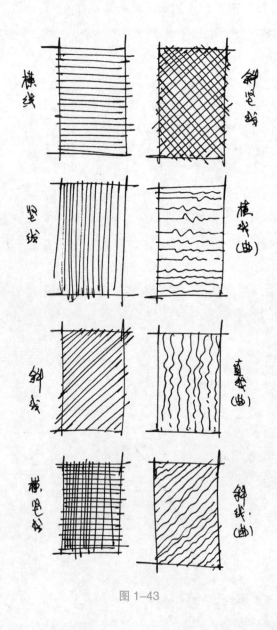

图 1-43

5. 线条对材质进行表现（图 1-44）。

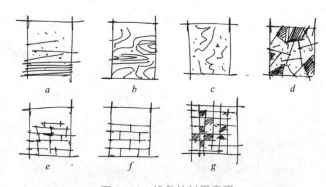

图 1-44　线条的材质表现

a、b 木材　*c、d* 大理石　*e、f* 砖墙　*g* 马赛克

【学习支持】

用线体现材质。画各种物体应该先了解它的特性，是坚硬还是柔软，便于选择用何种线条去表达。

线的透视规律。"线"的起笔、运笔、收笔。起笔顿挫有力，运笔时力度逐渐减轻，收笔时力度最轻但又稍微提顿。这样，线便具有了透视感、方向性。随着线的起笔、落笔力度的细微变化，线的透视效果也有变化。在一段时间的摸索与体验后，我们会体会到其中的乐趣。

【学习提示】

线条要连贯，尽量一笔到位，切忌迟疑和犹豫。切忌来回重复表达一根线条，出现重复线。

下笔要肯定，切记收笔要有回线。时刻记住两头重中间轻。

画图的时候要注意交叉点的画法，线条与线条之间应该接上，并且延长，这样交点处就有厚重感，在画线的过程中线条有的地方要留白、断开。

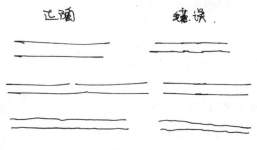

图 1-45

出现短线，切忌在原点上继续画，应该空开一小节距离再开始。排线切忌乱排线，基本功规律是平行于边线和透视线，或者垂直于画面（图1-45）。

【技能训练】

练习用线表现空间（图1-46）。

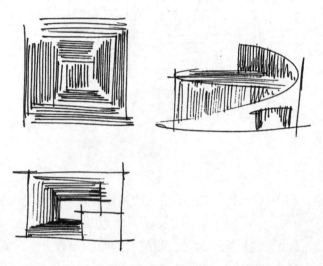

图1-46

【评价】

任务名称：

评价项目	评价内容	权重（%）	自评	组评	师评	总评（平均值）
思考与探究能力评价10%	能主动预习本项任务，并就线条表现方法和训练内容、步骤提出独立见解	4				
	能思考总结教师就线条表现方法和训练提出的问题并做出正确处理	3				
	能有效收集完成线条表现方法和训练所需信息并就信息做出归纳应用	3				
协作交流能力评价20%	能准确理解小组成员的见解，并清晰表达个人意见	4				
	能就线条表现方法和训练实施过程中遇到的问题进行有效交流	6				
	能概括总结上述交流成果并给出独立判断	6				
	能在线条表现方法和训练实施过程中与小组成员紧密协作	4				

续表

评价项目	评价内容	权重（%）	自评	组评	师评	总评（平均值）
实践能力评价 20%	能依据指引绘制健康的线条	4				
	能对线条进行分组练习	4				
	能用线条表现质感、光影	6				
	能灵活运用已掌握技能解决实践中遇到的问题	6				
任务完成效果评价 40%	线条绘制方式正确	10				
	任务完成度高、效果良好	20				
	能运用线条表现空间感	10				
情感目标完成度评价 10%	积极参与任务研究、学习及实践	4				
	尊重小组成员及指导教师	3				
	遵守教学秩序	3				
合计						

【知识链接】

《浅谈绘画中线条的表现力》——《晋中学院学报》2006 年第 4 期　作者：田英

任务 2　透视绘制方法与训练

【任务描述】

　　透视的最初研究是通过一张透明的纸去观察景物，总结出在平面上表达立体有一定的规律。把握透视的规律，并且能准确地运用。本项目将指导如何在二维空间上表达三维立体感，使得一张手绘图更加严谨、准确、形象、逼真。多练习透视方法会使人产生良好的透视空间感，透视感觉的好坏也往往与表现图的构图和空间的体量关系息息相关，好的空间透视关系决定好的画面构图。

【任务分析】

（1）掌握各种形体的透视规律。

（2）了解室内透视绘制的方法。

【任务实施】

基础图形的透视练习。

（1）正方体（图 1-47）

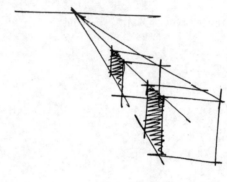

图 1-47

（2）圆（图 1-48）

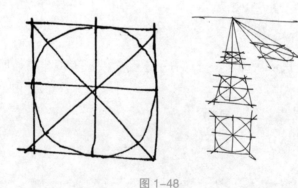

图 1-48

【学习支持】

一点透视在室内设计中的运用。

【技能训练】

绘制室内空间的一点透视图。

【评价】

任务名称：

评价项目	评价内容	权重（%）	自评	组评	师评	总评（平均值）
思考与探究能力评价 10%	能主动预习本项任务，并就透视绘制方法与训练内容、步骤提出独立见解	4				
	能思考总结教师就透视绘制方法与训练提出的问题并做出正确处理	3				
	能有效收集完成透视绘制方法与训练所需信息并就信息做出归纳应用	3				
协作交流能力评价 20%	能准确理解小组成员的见解，并清晰表达个人意见	4				
	能就透视绘制方法与训练实施过程中遇到的问题进行有效交流	6				
	能概括总结上述交流成果并给出独立判断	6				
	能在透视绘制方法与训练实施过程中与小组成员紧密协作	4				
实践能力评价 20%	能掌握正确的透视规律	4				
	把握各种形体的透视	4				
	能将透视运用到室内绘制中	6				
	能灵活运用已掌握技能解决实践中遇到的问题	6				
任务完成效果评价 40%	单体透视正确	10				
	透视正确，选择透视类型恰当	20				
	正确绘制室内空间的一点透视图和两点透视图	10				
情感目标完成度评价 10%	积极参与任务研究、学习及实践	4				
	尊重小组成员及指导教师	3				
	遵守教学秩序	3				
合计						

【知识链接】

《印象手绘——室内设计手绘透视技法》——人民邮电出版社　作者：郑超意

任务3　空间透视框架及图面布局训练

【任务描述】

形态是室内设计的基础，主要是作者创意构思的再现。表现形态要以透视的规律来解决物体的结构。搭起室内立体效果的框架。有了框架才能表现明暗、色彩、质感，使其更具有立体效果。透视表现有严格的科学性及灵活性，只有在充分领会透视的基础上，才能真正达到掌握透视的目的。在学习空间透视的过程中，我们要经常做一些空间透视表现练习，培养我们对空间的构架能力和对场景的组合能力。做到多动手、多用心、意在笔先，方可胸有成竹，使脑、眼、手相互协调在创意表现之中。感悟空间精神，构架空间创意，表现空间美感，是设计表现意义所在。

【学习支持】

透视点的正确选择对效果表现效果尤为重要，最经典的空间角落，丰富的空间层次，只有通过理想的透视点才能完美的展现（图1-49~图1-51）。

图1-49　太小拘谨

图1-50　太拥挤

图1-51　太偏失衡

要将画面最需要表现的部分放在画面中心，对较小的空间要进行有意识的夸张，使实际空间相对夸大，并且要将周围场景尽量绘全一些，尽可能选择层次较丰富的视觉角度，若没有特殊要求，要尽量把视点放的低些，一般控制在1.6m以下。

【任务实施】

1. 视平线

坐视的视觉效果：以人坐着的状态来定位，视点定位在1.3~1.5m。比较偏低。办公室、会议室等效果图常运用坐视。

站立的视觉效果：走廊、电梯等过道空间给人留下的都是站立的感觉，因此在绘制此类空间的时候采用相应的视点。

俯视和仰视：表现大型空间，例如酒店、室内中庭、百货商场。

2. 灭点

灭点放在画面中心的话会显得死板。在一点透视中，灭点应该放在画面偏左或右 1/3 范围内；在两点透视中，两个灭点最佳的位置在画宽 1/3 左右的范围内（图 1-52~ 图 1-55）。

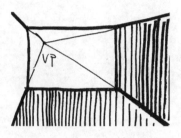

图 1-52　体现左边墙和地面

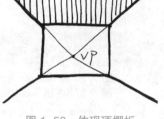

图 1-53　体现顶棚板

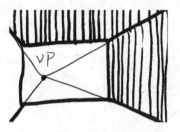

图 1-54　体现顶棚板和右边墙

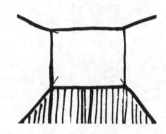

图 1-55　体现地面

【学习支持】

（1）透视准确、结构清晰、陈设之间的比例关系正确。

（2）关系明确、层次分明、空间感强。

（3）明确室内整体的色彩基调，依据不同的空间环境，确定色彩的基调种类。

【提醒】

注意把握室内的光线，越亮对比越大（图 1-56、图 1-57）。

图 1-56　光线强对比大

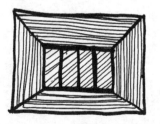

图 1-57　光线弱对比小

【技能训练】

（1）空间一点透视图绘制。

（2）空间两点透视图绘制。

【评价】

任务名称：

评价项目	评价内容	权重（%）	自评	组评	师评	总评（平均值）
思考与探究能力评价 10%	能主动预习本项任务，并就空间透视框架及图面布局训练提出独立见解	4				
	能思考总结教师就本项任务提出的问题并做出正确处理	3				
	能有效收集完成空间透视框架及图面布局训练所需信息并就信息做出归纳应用	3				
协作交流能力评价 20%	能准确理解小组成员的见解，并清晰表达个人意见	4				
	能就空间透视框架及图面布局训练实施过程中遇到的问题进行有效交流	6				
	能概括总结上述交流成果并给出独立判断	6				
	能在空间透视框架及图面布局训练实施过程中与小组成员紧密协作	4				
实践能力评价 20%	把握能合理的构图方法	4				
	从不同的角度空间	4				
	能总结经验独立完成较难的空间透视框架及图面布局训练	6				
	能灵活运用已掌握空间透视和图面布局技能解决实践中遇到的问题	6				
任务完成效果评价 40%	构图和透视关系准确	10				
	构图完整，角度选择恰当	20				
	空间图比例、布置、透视等正确	10				
情感目标完成度评价 10%	积极参与任务研究、学习及实践	4				
	尊重小组成员及指导教师	3				
	遵守教学秩序	3				
合计						

【知识链接】

《室内空间设计手册》——中国建筑工业出版社　译者：张黎明　袁逸倩　编者：（日本）小原二郎等

模块 2
绘制空间各要素

项目1 绘制单体

【项目概述】

在模块1中，我们对运线、空间透视以及上色的技巧有了一定程度的了解，但这离能够绘制一幅有说服力的空间表现图还有很远的距离，它往往和空间中的沙发、植物、灯饰等单体的表现好坏息息相关。

各单体在室内空间中占有很大的比例，对室内环境的效果起着重要的影响。因此，我们在日常练习中，要多熟悉身边的单体，如家具、陈设、配饰、绿化植物、装饰构件等，了解最新的款式和造型，通过临摹、写生、默写等方式，用简练的线条、生动的色彩大量地作单体练习，以达到能熟练地、灵活地表现单体的效果。

【学习支持】

1. 单体分类
室内单体包含的内容很多，大体可分为以下几类：

（1）家具类：床、沙发、茶几、餐桌、酒柜、书柜、衣柜、梳妆台、中式几案、博古架等。

（2）配饰类：抱枕、窗帘、灯饰、书法、装饰画、工艺品等。

（3）绿化类：盆栽植物、盆栽、假山、石子、花卉等。

（4）装饰构件类：电视背景墙、大理石拼花地面、门、木地板、艺术玻璃门、柱子等。

2. 绘制单体基本步骤：
单体的练习要从几何体开始，掌握好各种角度、各种形态样式的单体，要勤于练习，做到透视准确、线条流畅、光影关系统一。

（1）勾勒单体轮廓，抓住结构关系。

大部分单体都可看作是由长方体、圆柱体、球体等演变而成，因此，可将单体看作是一个几何体来找结构，画准透视。注意单体的长、宽、高的比例关系。初学者可先用铅笔画准结构，再用钢笔（签字笔）瞄线。

（2）从大形入手，细化单体轮廓。

在基本结构的基础上，从外到内、由表及里，细化单体轮廓。要注意线条的简练和流程性。

（3）确定光源，加入素描关系，画出阴影。

用相对更密的线条加上阴影，注意黑白灰关系，亮面可以留白。

（4）根据光影关系，进一步表达单体的材质特征。

强调细节的表现，运笔要跟着形体走，找准材质的特点，但忌铺满整面，如雕刻、藤制品，只需小面积的表现材质即可，否则会显得很死板，失了单体的"灵气"。

（5）上基本明暗色调。

根据单体的冷暖关系，用马克笔（或水彩、彩铅等）淡淡地画出明暗关系。

（6）找准色相，加深色彩，进一步刻画。

找准单体的色相，用整体的色调概念上色，笔触的走向应统一，注意笔触间的排列，不要凌乱，也不要上得过满，注意颜色间的过渡，可适当留白。

任务 1　绘制家具单体

【任务描述】

　　建筑装饰空间表现中，家具的表现对空间的大小、风格的表达有着至关重要的作用，本任务通过对床、沙发、茶几、餐桌椅的表现技法的学习，来掌握家具单体的画法。

【任务分析】

（1）家具单体手绘表现的方法与步骤有哪些？

（2）家具单体排线和上色应注意哪些事项？

【任务实施】

1. 绘制床

床是单体家具中最常见的一之一，它的表现对卧室的整体效果影响很大。手绘床时，可以由一个长方体变化而成，我们通常把刻画的重点放在床上用品质感的表现上，画线稿时要用一些轻快、随意的线条来刻画轮廓和褶皱，上色时则要注意床面宜轻不宜重，尽量有一定面积的留白处。

床的周围常常搭配与床头柜、台灯、地毯等。

（1）绘制出床的轮廓

按步骤从简单的方体开始画，用轻快的线条逐步刻画出床单、枕头、褶皱等，如图 2-1。

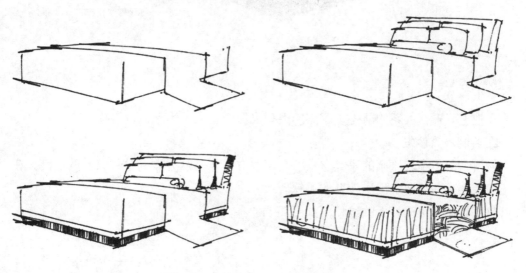

图 2-1 床轮廓及阴影线稿的绘制步骤

（2）绘制出阴影部分

先定位出床底阴影的大致位置，垂直方向排线，注意疏密相间，有变化，如图 2-2。

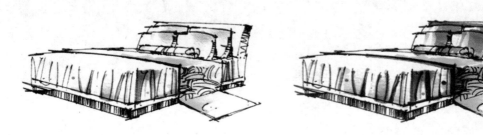

图 2-2 床的上色步骤

（3）上色

根据素描关系，先用暖灰色调表现好基本的明暗关系。然后根据床的色调画出床体、床单、枕头、靠枕等的质感，注意光线的来源，床面不要用太深颜色，尽量有留白处，靠枕在上色时要注意笔触的方向要随着靠枕鼓起的弧线来画。最后，用重颜色来画阴影，注意不要画得太实、太死，如图 2-3、图 2-4。

图 2-3　床的完成效果

【学习提示】

在把握好透视关系的前提下，床的造型表现先要从大体入手，不拘小节。

2. 绘制单人沙发

沙发是单体中较难画的家具之一。也可将它看作是从方体到单体家具的过渡。在表现上线条要果断，要表现出沙发的柔软。

（1）绘制出单人沙发的线稿（如图 2-4）。

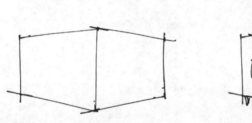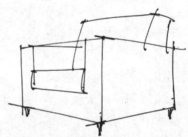

图 2-4　单人沙发线稿的绘制步骤

（2）绘制出单人沙发阴影部分（如图 2-5）。

（3）上基本明暗色调（如图 2-6）。

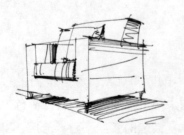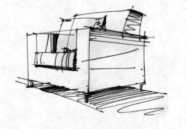

图 2-5　单人沙发阴影的绘制　　图 2-6　单人沙发的基本明暗色调

（4）逐步加深色彩（如图 2-7）。

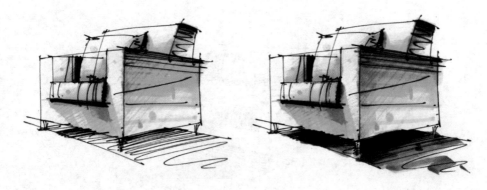

图 2-7 单人沙发的上色步骤

【学习提示】

坐垫的高度通常在总高度 1/3 的位置，坐垫比扶手要凸出一点的。

3. 绘制双人沙发

（1）绘制出双人沙发的轮廓（如图 2-8）。

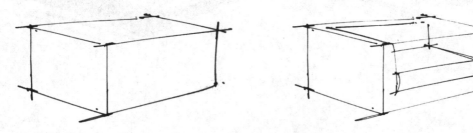

图 2-8 双人沙发线稿的绘制步骤

（2）绘制出双人沙发阴影部分（如图 2-9）。

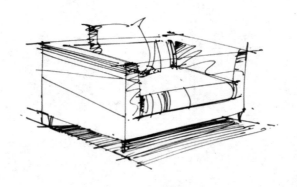

图 2-9 双人沙发阴影的绘制

（3）为双人沙发上色（如图 2-10、图 2-11）。

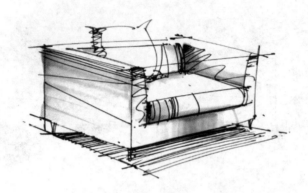

图 2-10　双人沙发的基本明暗色调

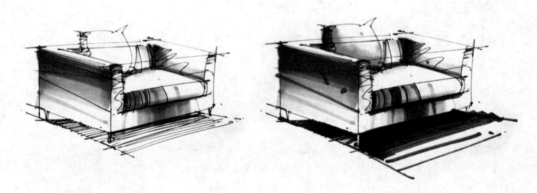

图 2-11　双人沙发的上色步骤

4. 绘制餐椅

（1）绘制出餐椅的线稿（如图 2-12）。

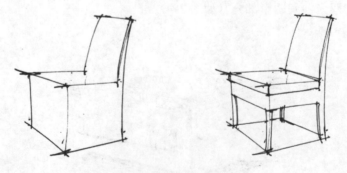

图 2-12　餐椅线稿的绘制步骤

（2）绘制出餐椅阴影部分（如图 2-13）。

图 2-13　餐椅阴影的绘制

（3）对餐椅上色（如图 2-14、图 2-15）。

图 2-14　沙餐椅的基本明暗色调　　　　图 2-15　餐椅的上色步骤

【技能训练】

（1）根据步骤图绘制出单人沙发，如图 2-16。

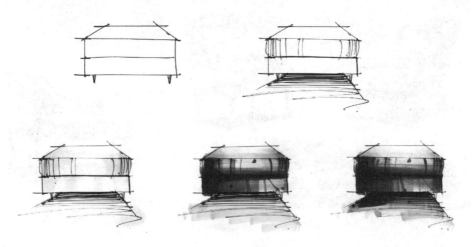

图 2-16　单人沙发绘图步骤

（2）根据线稿和上色稿，画出下列椅子，如图 2-17、图 2-18。

图 2-17　椅子线稿

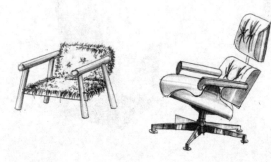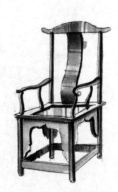

图 2-18　椅子上色稿

（3）临摹下列家具单体，如图 2-19。

图 2-19　沙发

【评价】

任务名称：

评价项目	评价内容	权重（%）	自评	组评	师评	总评（平均值）
思考与探究能力评价 10%	能主动预习本项任务，并就工作任务内容、步骤提出独立见解	4				
	能思考总结教师就本项任务提出的问题并做出正确处理	3				
	能有效收集完成本项任务所需信息并就信息做出归纳应用	3				
协作交流能力评价 20%	能准确理解小组成员的见解，并清晰表达个人意见	4				
	能就本项任务实施过程中遇到的问题进行有效交流	6				
	能概括总结上述交流成果并给出独立判断	6				
	能在任务实施过程中与小组成员紧密协作	4				
实践能力评价 20%	能依据指引独立完成简单的操作	4				
	能在教师及小组成员协作下完成较难的操作	4				
	能总结经验独立完成较难的操作	6				
	能灵活运用已掌握技能解决实践中遇到的问题	6				
任务完成效果评价 40%	任务完成方式正确	10				
	任务完成度高、效果良好	20				
	深化实践能力强	10				
情感目标完成度评价 10%	积极参与任务研究、学习及实践	4				
	尊重小组成员及指导教师	3				
	遵守教学秩序	3				
合计						

【知识链接】

绘制家具单体是初学者学习手绘的第一步，因此，同学们应该多了解不同类型的家具，观察、临摹和写生。现提供一些较好的家具网站给同学们练习。

丹麦家具工业协会 http：//www.danishfurniture.dk

加州家具生产商协会 http：//www.cfma.com

新加坡家具工业理事会 http：//www.singaporefurniture.com

日本国际家具产业振兴会 http：//www.idafij.com

美国家具联盟 http：//www.ahfa.us

安大略家具生产者协会 http：//www.ofma.ca

泰国家具工业协会 http：//www.tfa.or.th

任务 2　绘制配饰单体

【任务描述】

　　室内配饰种类非常多，风格各异，在空间中常常起到画龙点睛的作用。本任务通过完成抱枕、窗帘、灯具、装饰画来学习配饰的画法。

【任务分析】

（1）表现配饰时应如何反映主题？

（2）绘制配饰时应如何运线？

（3）表现配饰的方法和步骤有哪些？

【任务实施】

1. 绘制抱枕

抱枕在室内中出现的频率极高，能让空间显得更为温馨。可将其理解为简单的几何体来分析，用弧线绘制左右的轮廓，在刻画时，线条不能过于僵硬，注意整体的形体、体积感和光影关系。

（1）绘制出抱枕的轮廓（如图 2-20）。

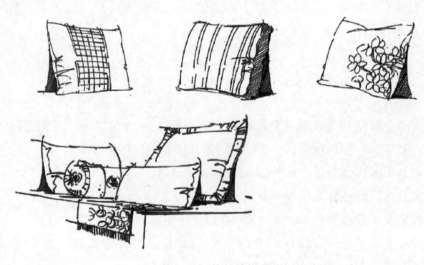

图 2-20　抱枕的线稿

（2）用单色给抱枕上色（如图 2-21）。

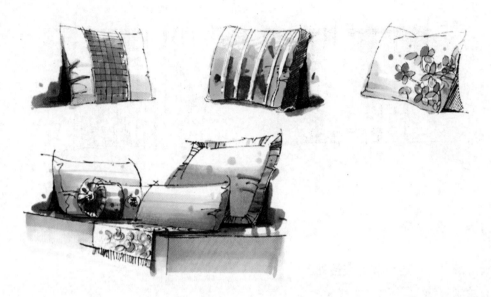

图 2-21　抱枕的上色稿

【学习提示】

抱枕的皱褶要随着其鼓起的弧度画。

2. 绘制窗帘

窗帘在表达的时候线条要流畅，向下的运态要自然。要注意转折、缠绕和穿插的关系。

（1）绘制出窗帘的轮廓线稿（如图 2-22）。

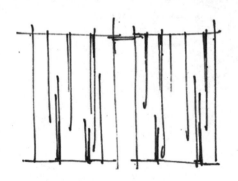

图 2-22　窗帘的线稿

（2）上色（如图 2-23）。

按步骤从简单的方体开始画，用轻快的线条逐步刻画出床摆、枕头、褶皱等。

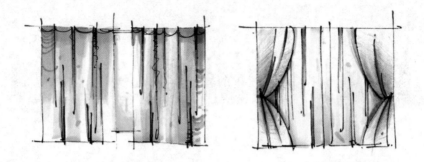

图 2-23　窗帘的上色效果

【学习提示】

画窗帘时，可适当加重交接处。

3. 绘制灯饰

（1）绘制出灯饰的轮廓（如图 2-24）。

图 2-24　灯饰的线稿

（2）为灯具上色（如图 2-25）。

图 2-25　灯饰的上色效果

【学习提示】

　　画灯具时，线条要流畅，有对称关系的灯饰要保证画面的对称，但不要太纠结于结构和形态。上色时，用笔不宜太多，一到两支笔即可。

　　4. 绘制装饰画

　　（1）绘制出装饰画的轮廓（如图 2-26）。

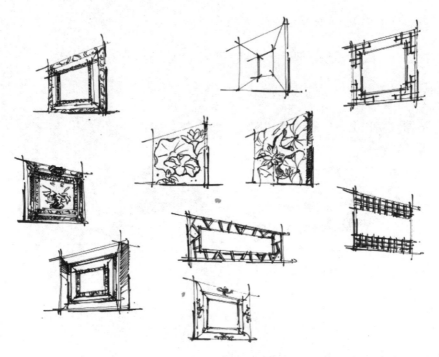

图 2-26　装饰画的线稿

（2）为装饰画上色（如图 2-27）。

图 2-27　装饰画的上色效果

【学习提示】

画装饰画时，线条要直，要画出厚度，要注意近大远小的透视关系。

【技能训练】

（1）根据线稿和上色稿绘制下列抱枕如图 2-28。

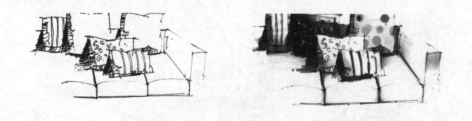

图 2-28　抱枕的线稿和上色效果

（2）临摹下列艺术灯具，如图 2-29、图 2-30。

图 2-29　艺术灯具

图 2-30　艺术灯饰

（3）临摹台灯，并根据自己的认识为线稿上色，如图 2-31。

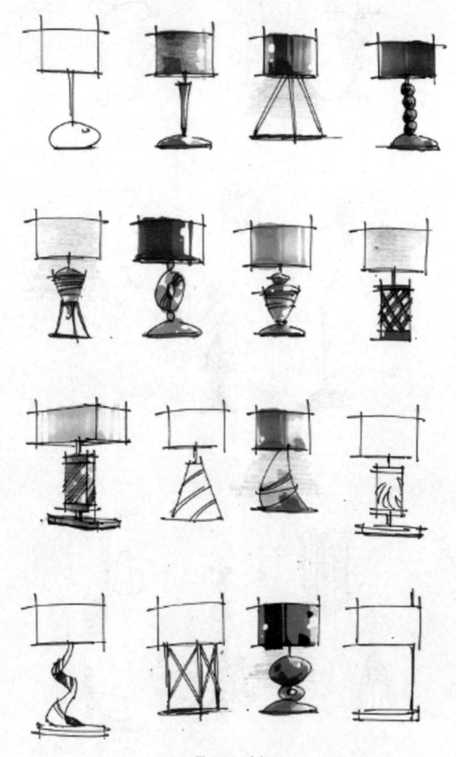

图 2-31　台灯

【评价】

任务名称：

评价项目	评价内容	权重（%）	自评	组评	师评	总评（平均值）
思考与探究能力评价 10%	能主动预习本项任务，并就工作任务内容、步骤提出独立见解	4				
	能思考总结教师就本项任务提出的问题并做出正确处理	3				
	能有效收集完成本项任务所需信息并就信息做出归纳应用	3				
协作交流能力评价 20%	能准确理解小组成员的见解，并清晰表达个人意见	4				
	能就本项任务实施过程中遇到的问题进行有效交流	6				
	能概括总结上述交流成果并给出独立判断	6				
	能在任务实施过程中与小组成员紧密协作	4				
实践能力评价 20%	能依据指引独立完成简单的操作	4				
	能在教师及小组成员协作下完成较难的操作	4				
	能总结经验独立完成较难的操作	6				
	能灵活运用已掌握技能解决实践中遇到的问题	6				
任务完成效果评价 40%	任务完成方式正确	10				
	任务完成度高、效果良好	20				
	深化实践能力强	10				
情感目标完成度评价 10%	积极参与任务研究、学习及实践	4				
	尊重小组成员及指导教师	3				
	遵守教学秩序	3				
合计						

【知识链接】

配饰相关资料推荐：

《手绘版窗帘设计手册》http://user.qzone.qq.com/350351640/blog/1385905460

中国软装网：http://www.51ruanzh.com/default.php

任务 3　绘制绿化景观单体

【任务描述】

　　室内绿化景观通常在整个室内布局中起着点缀和补空的作用。在室内装饰布置，常常会遇到一些死角不好处理，利用绿化装点往往会收到意想不到的效果。如在楼梯下部、墙角、家具的转角或上方、窗台或窗框周围等处，用绿化加以装饰，可以使空间焕然一新。

　　本任务通过完成室内盆栽、室外小景的绘制来学习绿化单体的画法。

【任务分析】

　　(1) 表现不同的绿化景观应采用什么方法？

　　(2) 表同绿化景观的步骤有哪些？

【任务实施】

1. 绘制室内盆栽

　　室内植物花卉盆栽品种多，形状和颜色也变化多样，但都由一些基本形状组成，如树干、树枝、树叶、花朵，重点应放在造型和颜色上面。

　　(1) 绘制出盆栽的线稿（如图 2-32）。

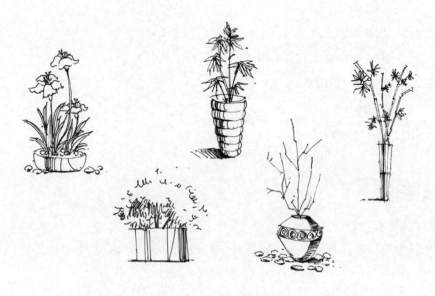

图 2-32　盆栽的线稿

（2）为盆栽上色（如图 2-33）。

图 2-33　盆栽的上色效果

【学习提示】

画盆栽时，抓准容器、植物的造型美，用色不宜过多，否则会喧宾夺主。

2. 绘制室外小景

室外小景的绘制相对较难，要表现植物、石头、水、建筑等之间的关系不容易，要通过大量的练习才能掌握，特别是植物和石头，切勿孤立看待。

（1）绘制出室外小景的线稿（如图 2-34）。

室外小景的构图非常重要，水石相交处大概位于画面的 1/3~1/4 处。从大形入手，大片绘出植物、石块等，再细化，最后根据光影关系用线表达出素描关系。

图 2-34　室外小景的线稿

（2）为室外小景上色（如图2-35~图2-38）

这幅室外小景的上色步骤较复杂，先根据光影关系对前景的植物、石头、水上淡淡的色彩，再根据前后景的关系，大块地加重后景色彩，然后虚化植物后面忽隐忽现的建筑物，进一步细化前景的色彩关系，最后提白，丰富画面的层次。

图2-35　室外小景的上色步骤1

图2-36　室外小景的上色步骤2

图 2-37　室外小景的上色步骤 3

【学习提示】

注意前后景的虚实关系，前面实、后面虚，前景中的石头、植物、水是刻画的重点，背光面加重，水、石交接处要加深，水中倒影的排线要统一。

【学习提示】

图 2-37 压重色时，一定要注意拉出前后关系，不要把前面的石头加得太深。
用高光笔提亮面的时候不可用得过多，想清楚了再下笔，用笔要果断。

图 2-38　室外小景上色最终效果

【技能训练】

（1）临摹下列植物，如图 2-39。

图 2-39　植物

（2）在校园内找三处绿化小景进行写生。

（3）临摹绿化景观，如图 2-40~ 图 2-45。

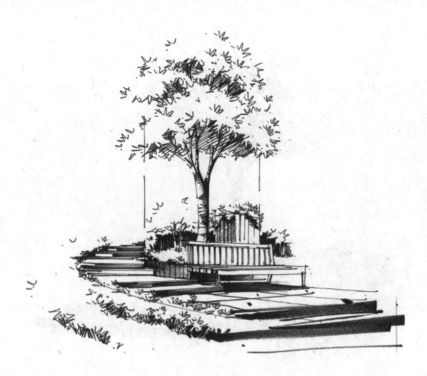

图 2-40

图 2-41

图 2-42

图 2-43

图 2-44

图 2-45

【评价】

任务名称：

评价项目	评价内容	权重（%）	自评	组评	师评	总评（平均值）
思考与探究能力评价10%	能主动预习本项任务，并就工作任务内容、步骤提出独立见解	4				
	能思考总结教师就本项任务提出的问题并做出正确处理	3				
	能有效收集完成本项任务所需信息并就信息做出归纳应用	3				
协作交流能力评价20%	能准确理解小组成员的见解，并清晰表达个人意见	4				
	能就本项任务实施过程中遇到的问题进行有效交流	6				
	能概括总结上述交流成果并给出独立判断	6				
	能在任务实施过程中与小组成员紧密协作	4				
实践能力评价20%	能依据指引独立完成简单的操作	4				
	能在教师及小组成员协作下完成较难的操作	4				
	能总结经验独立完成较难的操作	6				
	能灵活运用已掌握技能解决实践中遇到的问题	6				
任务完成效果评价40%	任务完成方式正确	10				
	任务完成度高、效果良好	20				
	深化实践能力强	10				
情感目标完成度评价10%	积极参与任务研究、学习及实践	4				
	尊重小组成员及指导教师	3				
	遵守教学秩序	3				
合计						

【知识链接】

　　植物绿化景观的手绘效果，笔者对杨健的手绘画法非常欣赏，他的手绘快速表现艺术味十足，仿佛把"手绘"带入了"水彩季"。现推荐几本他的著作：

　　《马克笔表现技法》——中国建筑工业出版社　2013年5月　作者：杨健

　　《杨健手绘画法》——辽宁科学技术出版社　2013年10月　作者：杨健

任务 4　绘制装饰构件单体

【任务描述】

　　室内空间可以看作是由一个个装饰构件组成，这里主要指的是硬装饰部分，如电视背景墙、大理石拼花地面、门、木地板、艺术玻璃门、柱子等。不同的构件有其自身的造型特征和质感。本任务通过完成电视背景墙、卫生间背景墙、屏门的绘制来学习装饰构件的画法。

【任务分析】

（1）表现装饰构件单体的步骤有哪些？
（2）绘制装饰构件单体的排线、上色技法有哪些？

【任务实施】

1. 绘制屏门

屏门属于中式古典构件，画屏门的线稿时一定要画准其结构，粗略的刻画其装饰图案，再利用色彩表现出中式古朴的味道。

（1）绘制出屏门的线稿（如图 2-46）。
（2）为屏门上色（如图 2-46）。

图 2-46　屏门的线稿和上色效果

【学习提示】

刻画细节时忌把装饰雕刻抠得太死。

2. 绘制卫生间背景墙

（1）绘制出马赛克背景墙的线稿（如图 2-47）。

（2）为马赛克背景墙上色（如图 2-47）。

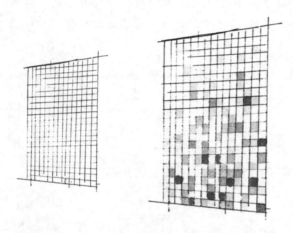

图 2-47　马赛克背景墙线稿和上色效果

【学习提示】

马赛克的上色一定要注意留白，否则会显得死板。

3. 绘制电视背景墙

此背景墙为东南亚风格的藤制背景墙，表现时一定要注意虚实关系，特别是画线稿时对藤制品质感的刻画，点到为止，注意排线和过渡。

（1）绘制出藤制背景墙的线稿。

（2）为藤制背景墙上色（如图 2-48）。

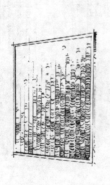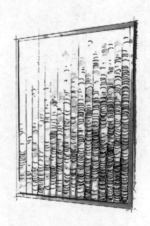

图 2-48　藤制背景墙的线稿和上色效果

【技能训练】

（1）临摹下列艺术玻璃造型顶棚，如图 2-49。

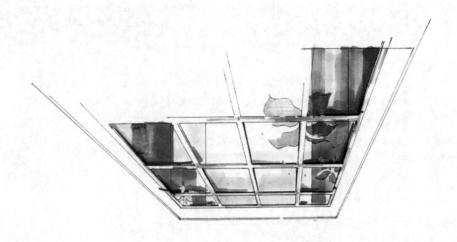

图 2-49　艺术玻璃造型顶棚

（2）临摹下列玻璃锦砖背景墙，如图 2-50。

图 2-50　玻璃锦砖背景墙

【评价】

任务名称：

评价项目	评价内容	权重（%）	自评	组评	师评	总评（平均值）
思考与探究能力评价10%	能主动预习本项任务，并就工作任务内容、步骤提出独立见解	4				
	能思考总结教师就本项任务提出的问题并做出正确处理	3				
	能有效收集完成本项任务所需信息并就信息做出归纳应用	3				
协作交流能力评价20%	能准确理解小组成员的见解，并清晰表达个人意见	4				
	能就本项任务实施过程中遇到的问题进行有效交流	6				
	能概括总结上述交流成果并给出独立判断	6				
	能在任务实施过程中与小组成员紧密协作	4				
实践能力评价20%	能依据指引独立完成简单的操作	4				
	能在教师及小组成员协作下完成较难的操作	4				
	能总结经验独立完成较难的操作	6				
	能灵活运用已掌握技能解决实践中遇到的问题	6				
任务完成效果评价40%	任务完成方式正确	10				
	任务完成度高、效果良好	20				
	深化实践能力强	10				
情感目标完成度评价10%	积极参与任务研究、学习及实践	4				
	尊重小组成员及指导教师	3				
	遵守教学秩序	3				
合计						

项目2　绘制单体组合

【项目概述】

　　通过项目1的学习，我们已经掌握了许多家具类、配饰类、绿化类、装饰构件类单体的画法，但这并不意味着我们能把一个小场景画好，我们还需要进一步了解单体与单体之间的联系，它们的比例关系、前后关系、穿插关系、虚实关系、色彩关系又是如何？

　　本项目主要从绘制家具与配饰组合、绿化小景组合、小场景组合、装饰构件组合任务中学会如何处理单体间的位置关系、体量关系、虚实关系、色彩关系等，逐步培养场景感，为后面绘制整个空间奠定良好的基础。

【学习支持】

1. 绘制单体组合基本步骤:

单体组合训练是将单体放在一起进行拍摄组合,这要求单体造型准确、组合要有透视感、表现时还要对多个单体进行虚实处理。

(1)找准透视,勾勒单体组合的大体外轮廓。

确定单体组合的视平线,明确透视属性(如一点透视、两点透视),勾勒出单体组合的大致外轮廓,确保组合体间的透视关系是统一的。

(2)从大形入手,细化单体组合内部结构。

从外到内,确定组合体间的遮挡关系,交代前后景关系,前景的东西画得细致,而后景应更虚。

(3)加入素描关系,确定光源,进一步表达质感。

确定了光源的位置后,画出单体组合的黑白灰素描关系,阴影部分的排线尽量保持统一,还可补充一些地面或墙面的材质,完善构图,完成刻画。另外,还要注意主体与配景之间的虚实关系。

(4)上基本明暗色调。

根据光源的色调,(如室内灯光多为暖色调,室外自然光则多为冷色调),用相应的冷(或暖)灰色画出单体组合的黑白灰关系。

(5)加深色彩,完成刻画。

画好了整个单体组合的黑白灰关系后,先对主体进行上色,但不要一次上满,再对配饰或配景进行上色,通过两三遍逐步刻画完细部,注意单体间色彩的影响。

任务 1   绘制家具与配饰

【任务描述】

建筑室内空间中,最常见的单体组合莫过于家具与配饰,它们是空间的重要组成部分,常常反映出一个空间的风格特点。本任务通过绘制家具沙发与抱枕等的组合和餐桌椅与灯饰的组合来学习如何绘制家居与配饰的单体组合。

【任务分析】

(1)家具与配饰组合的方法有哪些?

(2)如何处理好家具与配饰的主次关系?

【任务实施】

1. 绘制休闲区一角

这是家居空间中非常常见的场景，意在表现休闲空间的舒适和写意。绘制时，应重点刻画沙发，作为主要配饰地毯，其材质的刻画点到为止，短线的点笔忌满铺，上色时加重地面的阴影，让空间显得更稳。

（1）绘制出沙发茶几与地毯组合的线稿

先构图，定出上下左右的位置，采用两点透视绘制出沙发、茶几、地毯、抱枕等配饰的线稿，确定右上方为光的来源，绘出阴影部分，如图 2-51。

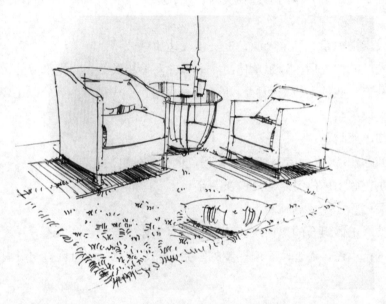

图 2-51　沙发茶几与地毯组合线稿

【学习提示】

上线稿时要注意沙发与抱枕、茶几、地毯的遮挡关系，被遮挡的线虽没有画出来，但结构要在，否则会出现散架的感觉。

长毛地毯材质的表现，虽边缘用短线来刻画，但也要注意其透视关系的走向，不要歪斜，表面短线的排笔要随意，从密慢慢过渡到留白。

（2）为沙发茶几与地毯组合上色

先用灰色调上出黑白灰关系，然后再找准色调，从沙发开始画，逐步到茶几和地毯等配饰，为拉出空间前后关系，稍加一点后面的墙和地板，形成层次，富有空间感，如图 2-52。

图 2-52　沙发茶几与地毯组合上色效果

【学习提示】

注意在表现地毯时，可以加重地毯的阴影，表现出地毯的厚度，让地毯显得厚重些。

2. 绘制卧室一角

这是有着浓郁的地域风情的卧室，放满床品的床上，加以紫色纱帘的搭配，给空间增加了很多的浪漫色彩，细部刻画时，床品、灯饰、纱帘的表现要恰到好处。

（1）绘制出床、床头柜及配饰组合的线稿。

采用一点透视，定位出视平线和消失点，画出床框架、床头柜地毯的轮廓，再根据材质，刻画细节，找到光影关系，画出阴影，如图 2-53。

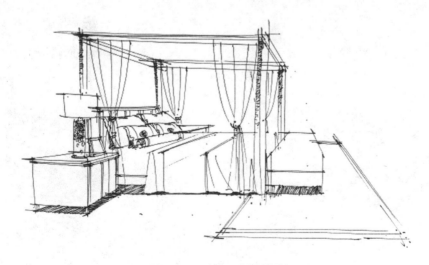

图 2-53　卧室一角的线稿

（2）为卧室一角上色

空间为暖色调，先用暖灰绘出家具与地面的黑白灰关系，再进一步刻画床、床头柜、地毯、床架、地面，最后再为纱帘上淡淡的紫色调，如图2-54。

图2-54　卧室一角的上色效果

【学习提示】

纱帘极为透明，几乎没什么遮挡能力，所以在画的时候应画在最后，烘托出隐隐约约浪漫的气氛。

【技能训练】

（1）根据下列线稿和上色稿绘制家具与配饰组合（图2-55~图2-57）。

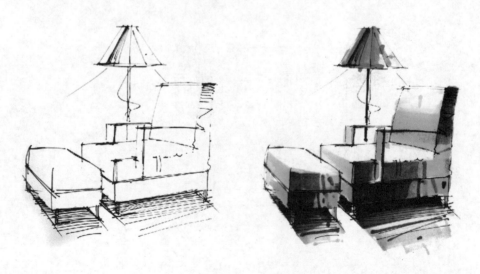

图2-55　沙发与落地灯组合

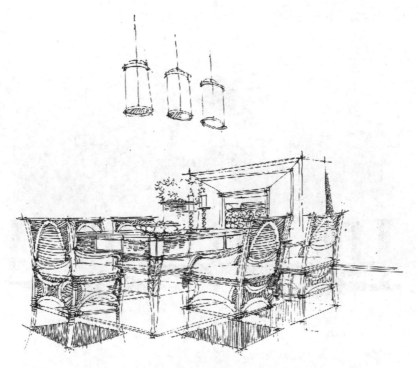

图 2-56　餐厅一角的线稿

图 2-57　餐厅一角的上色效果

（2）绘制下列家具与配饰的组合（图 2-58~ 图 2-60）。

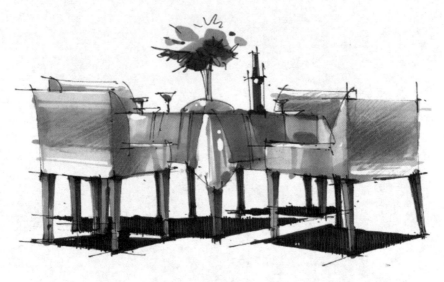

图 2-58　餐桌椅组合上色效果

图 2-59　休闲空间小场景

图 2-60　客厅空间小场景

【评价】

任务名称：

评价项目	评价内容	权重（%）	自评	组评	师评	总评（平均值）
思考与探究能力评价 10%	能主动预习本项任务，并就工作任务内容、步骤提出独立见解	4				
	能思考总结教师就本项任务提出的问题并做出正确处理	3				
	能有效收集完成本项任务所需信息并就信息做出归纳应用	3				
协作交流能力评价 20%	能准确理解小组成员的见解，并清晰表达个人意见	4				
	能就本项任务实施过程中遇到的问题进行有效交流	6				
	能概括总结上述交流成果并给出独立判断	6				
	能在任务实施过程中与小组成员紧密协作	4				
实践能力评价 20%	能依据指引独立完成简单的操作	4				
	能在教师及小组成员协作下完成较难的操作	4				
	能总结经验独立完成较难的操作	6				
	能灵活运用已掌握技能解决实践中遇到的问题	6				

评价项目	评价内容	权重（%）	自评	组评	师评	总评（平均值）
任务完成效果评价 40%	任务完成方式正确	10				
	任务完成度高、效果良好	20				
	深化实践能力强	10				
情感目标完成度评价 10%	积极参与任务研究、学习及实践	4				
	尊重小组成员及指导教师	3				
	遵守教学秩序	3				
合计						

【知识链接】

大量临摹是画好单体组合的一个途径，现推荐一些手绘网站供同学们练习：

http：//www.ztbs.cn

http：//www.huisj.com

http：//bbs.hui100.com

任务 2　绘制绿化景观组合

【任务描述】

建筑空间中，绿化景观可以让空间更加的生动、自然。在项目1中，我们学习了如何绘制简单的绿化，本任务将通过绘制建筑物与绿化组合来继续深化学习绘制绿化景观的方法和技巧。

【任务分析】

（1）如何让绿化景观组合显得生动、自然？

（2）如何处理后景的植物？

【任务实施】

1.绘制建筑物与绿化组合

这幅效果图表现的主体是建筑物，绿化则作为配景衬托它，所以，在绘制时，建筑物要实，而绿化要虚。建筑物在表现时运线要快、要硬、要准，而画绿化运笔要放松，以面概括即可。上色时要表现出建筑物的体量感，大胆地用重色，绿化则无需太多丰富的色彩倾向，用体的概念上色。

（1）绘制出建筑物与绿化组合的线稿

先确定画面的视平线和消失点，由外到内画出建筑物的轮廓，再画出远处绿化景观的大体轮廓，最后再加前景的树，然后根据光源所在位置，画出阴影位置，（图 2-61）。

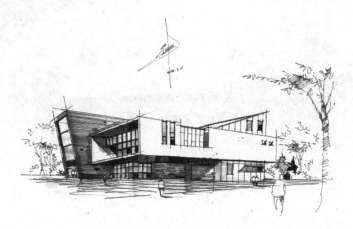

图 2-61　建筑物与绿化组合的线稿

【学习提示】

因为透视的站点很远，因此在定位灭点的时候也应是很远的，否则会让空间感觉有一定变形，不真实。

（2）为建筑物与绿化组合的上色

先用冷、暖灰色调上出基本明暗关系，然后再逐步深入，地面的反光，受光面可留白，让建筑物的结构更加突出。绿化要从整体的角度观察，大片的上色，最后再加入天空等，用高光笔提一些细节（图 2-62~ 图 2-64）。

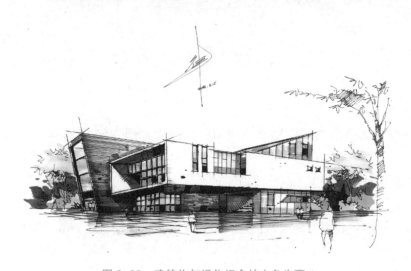

图 2-62　建筑物与绿化组合的上色步骤 1

图 2-63　建筑物与绿化组合的上色步骤 2

图 2-64　建筑物与绿化组合的上色效果

【学习提示】

建筑外墙玻璃质感的表现要呼应周围的环境，如图 2-64 中玻璃对植物及天空的映射。

2. 绘制度假休闲景观

这幅图要区别表现建筑物与绿化景观，建筑物表现要利落、干净，用线直、准。绿化景观则要表现活泼，用笔轻松，用色大胆，尤其是水面的表达，敢于用重色，表现多层次。

（1）绘制出度假休闲景观的线稿（图 2-65）。

（2）为度假休闲景观上色（图 2-66~ 图 2-69）。

图 2-65　度假休闲景观的线稿

图 2-66　度假休闲景观的明暗上色

图 2-67　度假休闲景观的上色步骤 1

图 2-68　度假休闲景观的上色步骤 2

图 2-69　度假休闲景观的上色效果

【学习提示】

因为该景观透视的站点很远，因此在定位灭点的时候也应是很远的，否则会让空间感觉有一点狭窄。

【技能训练】

绘制下列绿化组合小景观，如图 2-70、图 2-71。

图 2-70

图 2-71

【评价】

任务名称：

评价项目	评价内容	权重（%）	自评	组评	师评	总评（平均值）
思考与探究能力评价 10%	能主动预习本项任务，并就工作任务内容、步骤提出独立见解	4				
	能思考总结教师就本项任务提出的问题并做出正确处理	3				
	能有效收集完成本项任务所需信息并就信息做出归纳应用	3				
协作交流能力评价 20%	能准确理解小组成员的见解，并清晰表达个人意见	4				
	能就本项任务实施过程中遇到的问题进行有效交流	6				
	能概括总结上述交流成果并给出独立判断	6				
	能在任务实施过程中与小组成员紧密协作	4				

续表

评价项目	评价内容	权重（%）	自评	组评	师评	总评（平均值）
实践能力评价 20%	能依据指引独立完成简单的操作	4				
	能在教师及小组成员协作下完成较难的操作	4				
	能总结经验独立完成较难的操作	6				
	能灵活运用已掌握技能解决实践中遇到的问题	6				
任务完成效果评价 40%	任务完成方式正确	10				
	任务完成度高、效果良好	20				
	深化实践能力强	10				
情感目标完成度评价 10%	积极参与任务研究、学习及实践	4				
	尊重小组成员及指导教师	3				
	遵守教学秩序	3				
合计						

【知识链接】

推荐两个有关景观效果图的网站供同学们练习：

http：//www.qljgw.com

http：//www.huibr.com

任务 3　绘制建筑装饰构件组合

【任务描述】

　　建筑装饰构件所涉及的面非常广，它常常和家具、配饰、绿化组合在一起，形成一个较为完整的空间。在项目 1 中我们已经绘制了不同质感的装饰构件单体，本任务主要通过绘制电视背景墙组合和卧室一角来学习建筑装饰构件组合的画法。

【任务分析】

（1）如何抓住家具、配饰、绿化等组合的结构，并保持空间的统一性？

（2）表现建筑装饰构件组合上色的步骤有哪些？

【任务实施】

1. 绘制客厅电视背景墙组合

这是家居空间中最为常见的场景之一，电视背景墙、电视柜、电视机与绿化和装饰画的组合，是作为客厅需要重点表现的位置。该场景为现代简约风格，绘制时运笔要果断，看到笔触。

（1）绘制出客厅电视背景墙组合的线稿

该场景采用一点透视绘制，确定视平线、消失点，视平线可定得较低，1m 左右，画出电视背景墙、电视柜、电视机与绿化和装饰画的轮廓，然后根据光源所在位置，画出阴影位置和倒影，如图 2-72。

图 2-72　电视背景墙组合的线稿

（2）绘制出客厅电视背景墙组合的上色稿

先用马克笔画出黑白灰素描关系，然后逐步加深，最后用彩铅绘出各表面的过渡关系，让场景显得更自然，如图 2-73。

图 2-73　电视背景墙组合的上色效果

2. 绘制客厅电视背景墙组合

（1）绘制出卧室小场景的线稿（图 2-74）。

图 2-74　卧室小场景的线稿

（2）绘制出卧室小场景的上色效果（图 2-75）。

图 2-75　卧室小场景的上色效果

【技能训练】

临摹下列建筑装饰构件小场景，如图 2-76~ 图 2-80。

图 2-76　大堂场景

图 2-77　营业厅场景

图 2-78　入口处场景

图 2-79　室外小场景

图 2-80　室外小场景（续）

【评价】

任务名称：

评价项目	评价内容	权重（%）	自评	组评	师评	总评（平均值）
思考与探究能力评价 10%	能主动预习本项任务，并就工作任务内容、步骤提出独立见解	4				
	能思考总结教师就本项任务提出的问题并做出正确处理	3				
	能有效收集完成本项任务所需信息并就信息做出归纳应用	3				
协作交流能力评价 20%	能准确理解小组成员的见解，并清晰表达个人意见	4				
	能就本项任务实施过程中遇到的问题进行有效交流	6				
	能概括总结上述交流成果并给出独立判断	6				
	能在任务实施过程中与小组成员紧密协作	4				
实践能力评价 20%	能依据指引独立完成简单的操作	4				
	能在教师及小组成员协作下完成较难的操作	4				
	能总结经验独立完成较难的操作	6				
	能灵活运用已掌握技能解决实践中遇到的问题	6				

续表

评价项目	评价内容	权重 （%）	自评	组评	师评	总评 （平均值）
任务完成 效果评价 40%	任务完成方式正确	10				
	任务完成度高、效果良好	20				
	深化实践能力强	10				
情感目标 完成度评价 10%	积极参与任务研究、学习及实践	4				
	尊重小组成员及指导教师	3				
	遵守教学秩序	3				
合计						

【知识链接】

推荐几本很好的学习手绘的书籍：

《马克笔的魅力——美国建筑效果图的绘制密技》——上海人民美术出版社 2012 年 1 月　作者：美加里，译者：姚静

《陈红卫手绘表现技法》——东华大学出版社 2013 年 5 月　作者：陈红卫

《卓越手绘：30 天必会建筑手绘快速表现》——华中科技大学出版社 2013 年 1 月　作者：杜健，吕律谱

模块 3

各种空间的表现技能

项目 1　家居空间手绘表现

任务 1　家居空间平面、立面手绘表现

【任务描述】

平、立面图手绘表现是家居空间整体表现中的重要环节。学生需借助已掌握的手绘技巧，就空间的平面及立面设计图进行着色表现，从而对平面、立面进行材质、色彩、空间及光影层次的综合表达。

【任务分析】

（1）家居空间平、立面图手绘表现的目的是什么？

（2）家居空间平、立面图手绘表现的方法与步骤有哪些？

（3）你熟悉的手绘工具与技法有哪些？

（4）如何通过平、立面图表现家居空间各组成要素的材质、色彩、层次？

【任务实施】

1. 平面图手绘表现

平面图是家居空间表现中的重要环节，是展示设计者设计构思和空间组织方式的重要途径。平面图需表达出室内的空间格局、流线组织、家具及陈设布置、主要色调、设计风格等要素，是立面图与效果图绘制的首要依据。因此，在绘制平面图时应特别注重技术与艺术的结合，在严格按照原有设计方案进行绘制，准确使用比例与线形的同时，还应加强其艺术表现力。绘制时可以使用手绘线稿，也可以用 AutoCAD 画好线稿进行

着色，其中手绘线稿更具艺术性。

（1）线稿绘制

1）平面图线稿绘制须注意的问题

①图线及尺寸准确。

②装饰构造合理。

③家具体量适当。

④材料表达要为后期着色做准备。

2）平面线稿绘制步骤

步骤1：户型平面基本线稿绘制。

平面图是真实反映室内空间格局的图纸，绘制时须严格依据原设计方案进行绘制，其户型平面基本线稿的绘制可按照建筑制图规范区分粗细线，也可统一使用细线绘制（图3-1）。

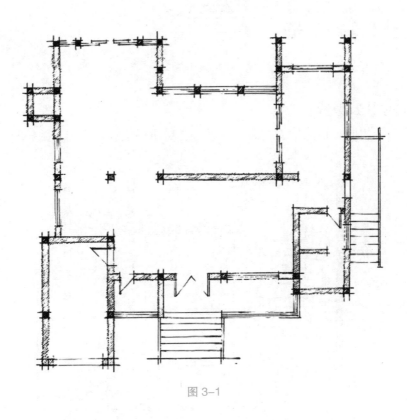

图 3-1

步骤2：装饰构件绘制。

绘制装饰构件线稿时，须真实反映设计方案中构件的真实位置、尺寸（图3-2）。

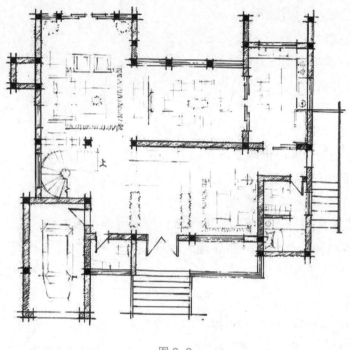

图 3-2

步骤 3：家具陈设绘制。

绘制家具陈设时，应准确表达家具的尺寸、材质、位置等要素（图 3-3）。

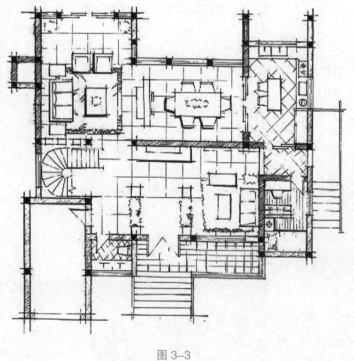

图 3-3

（2）平面图着色

1）平面图着色须注意的问题

①应真实反映设计意图及所用材料的真实色彩。

②着色应重点突出，切记满铺满画。

③须按照预设的光源方向绘制光影效果。

2）平面图着色步骤

步骤 1：以冷灰色填充墙线，并对室内光影效果进行初步表现（图 3-4）。

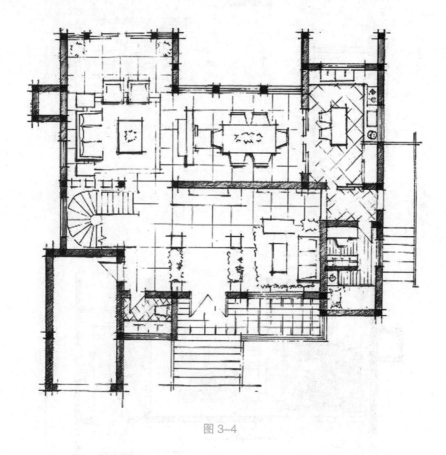

图 3-4

步骤 2：对重点空间的家具、陈设等进行着色，绘制时应特别注意光影关系的表达（图 3-5）。

步骤 3：刻画地面材料的色彩及质感，强化光影关系（图 3-6）。

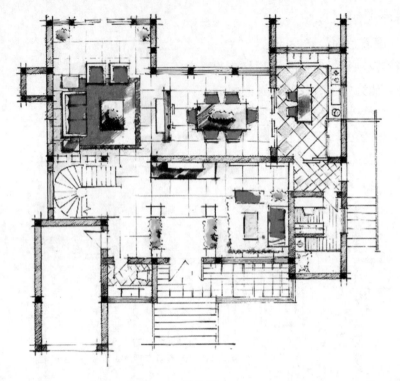

图 3-5

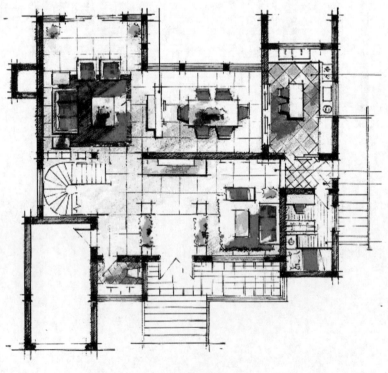

图 3-6

（3）图面标注

1）图面标注须注意的问题

①标注尺寸时须严格遵守相关制图规范。

②标注材料时应注明材料名称与规格。

③标注前应做好规划，尽量避免材料标注与尺寸标注线交叉。

2）平面标注步骤

步骤：先标注材料后标注尺寸（图 3-7）。

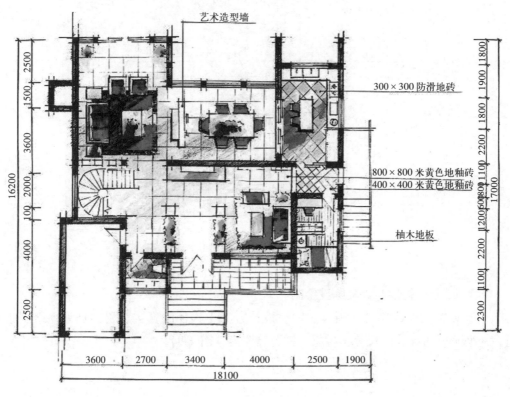

图 3-7

2. 立面图手绘表现

立面是室内方案的重要组成部分，也是设计师的设计重点，更是展现其设计实力的重要方面。绘制立面图时，需用阴影关系来突出造型及材质的起伏变化，不同材质的表现方式以及比例尺度的控制也十分重要。为营造富于生活气息的家居空间，对陈设饰品及植物也需进行刻画。

（1）线稿绘制

1）立面图线稿绘制须注意的问题

①图线及尺寸准确。

②装饰构造合理。

③家具体量适当。

④材料表达要为后期着色做准备。

2）立面线稿绘制步骤

步骤 1：立面图基本线稿绘制。

立面图是真实反映室内空间高度设计的图纸，绘制时须严格依据原设计方案进行绘制，其基本线稿的绘制可按照建筑制图规范区分粗细线，也可统一使用细线绘制（图 3-8）。

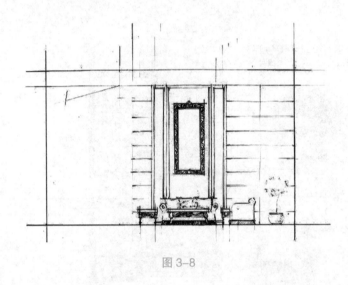

图 3-8

步骤 2：装饰构件与家具陈设绘制。

绘制装饰构件线稿时，须真实反映设计方案中构件的真实位置、尺寸。绘制家具时，应准确表达家具的尺寸、材质、位置等要素（图 3-9）。

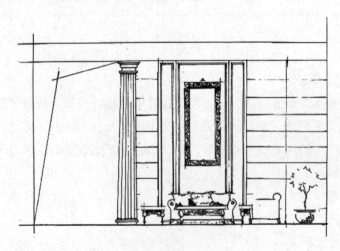

图 3-9

（2）立面图着色

1）立面图着色须注意的问题

①应真实反映设计意图。

②立面着色应与平面保持一致。

③着色时应注意表达室内光影关系。

④着色完成后的立面图除反映相关设计元素的材质、色彩外，还应表达各要素在空间中的前后关系。

2）立面图着色步骤

步骤 1：绘制画面中的前景物体，如沙发、绿植、陈设等（图 3-10）。

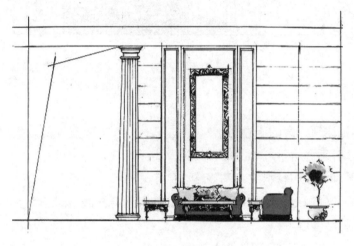

图 3-10

步骤 2：进行背景墙等大面积构件着色（图 3-11）。

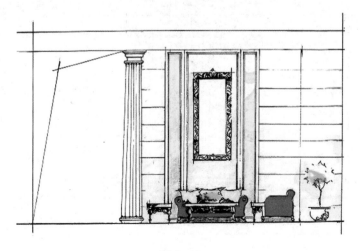

图 3-11

步骤 3：深入刻画立面装饰细节及光影关系（图 3-12）。

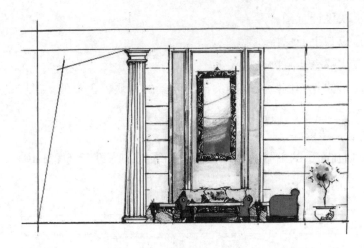

图 3-12

（3）图面标注

1）立面图标注须注意的问题

①标注尺寸时须严格遵守相关制图规范。

②标注材料时应注明材料名称与规格。

③标注前应做好规划，尽量避免材料标注与尺寸标注线交叉。

2）立面图标注步骤

步骤：尺寸、材料标注（图 3-13）。

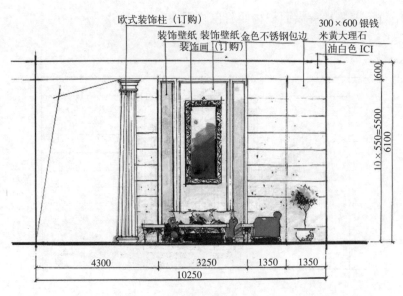

图 3-13

【学习支持】

（1）光线方向选择

平、立面图着色的时候要特别注意光线方向，室内光源较多、方向混杂，为达到有序的绘制效果，在平面图上，建议按照窗的位置来定光源。

（2）阴影区处理

背光的地方可用黑色加少许阴影，也可根据所绘材质及色彩使用其他深色调进行阴影区刻画。比地面高的物体都需要处理阴影，阴影区的笔触要快速、自然。

（3）色彩处理

为营造视觉上的亲和力，拉近与使用者的距离，平、立面图着色时不宜多用冷色，主色调以暖色为主，便于营造温馨、自然的家居氛围。厨房、卫生间可适当使用冷色以体现干净、利落的感觉。平、立面图着色注重表现材质的颜色，绘制平面图时室内地板和柜子的颜色要分开，柜子也可不着色。有时为突出材质的色彩与质感，其他家具也可不着色。墙体一般画成黑色或深灰色，可与家具、地面形成强烈对比，增强图面效果的同时也有利于客户读图。

（4）绿植与陈设

平、立面图可以依据实际情况以植物和陈设来活跃画面，绿植的布局位置主要以阳台和露台为主，以增强平面效果的亲和力。陈设的选择应契合整体装饰风格，位置多以客厅、卧室、玄关为主。

【学习提示】

室内平、立面手绘表现区别于一般绘画，它是设计师与客户沟通、交流的平台，是对最终装饰效果的一种说明形式，因此其绘制过程除考虑美观外还应特别关注图面表达准确性，绘制时须做到平立面对应严谨、材质色彩表达准确、标注清晰。切忌使用仅追求美观而忽略实际空间效果的表达方式。

【技能训练】

请依据给出的平、立面图绘制其着色效果，总体效果可参照样图（图3-14～图3-23）。

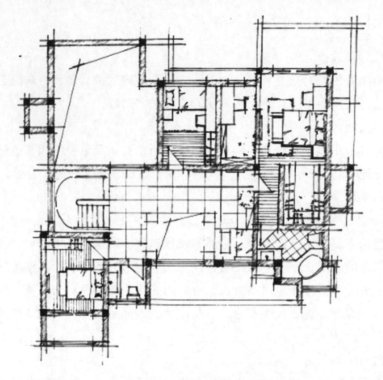

图 3-14　家居平面图线稿

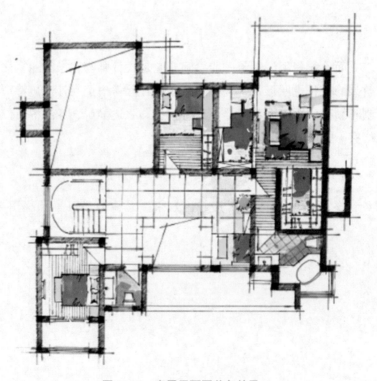

图 3-15　家居平面图着色效果

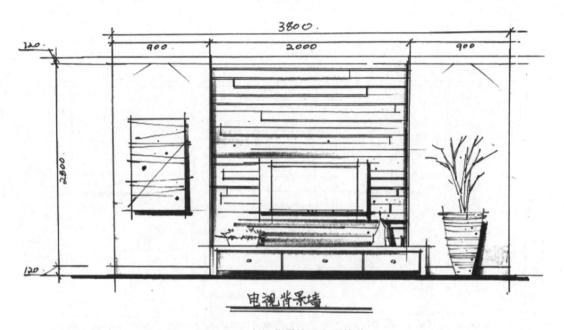

图 3-16　电视背景墙立面图线稿

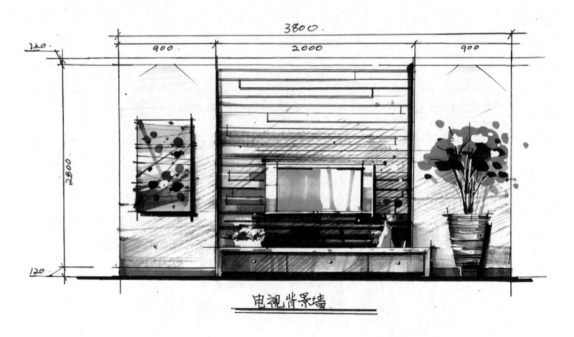

图 3-17　电视背景墙立面图着色效果

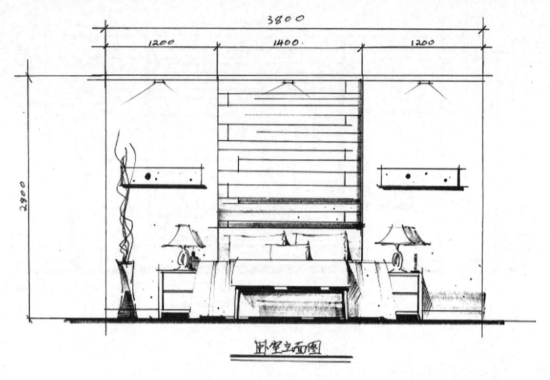

图 3-18 卧室立面图线稿

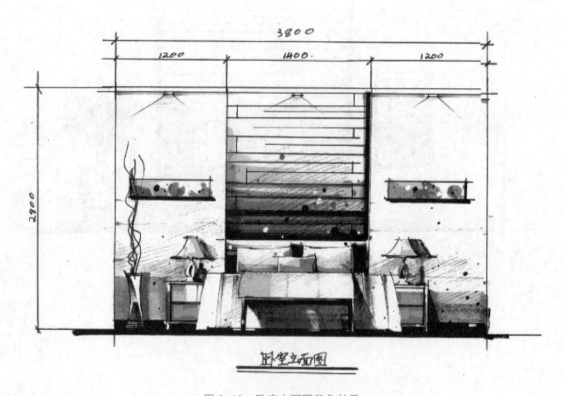

图 3-19 卧室立面图着色效果

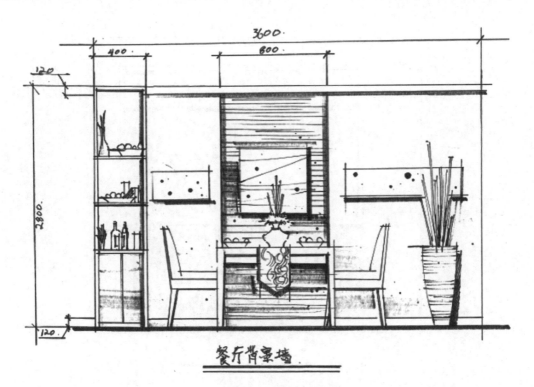

图 3-20　餐厅立面图线稿

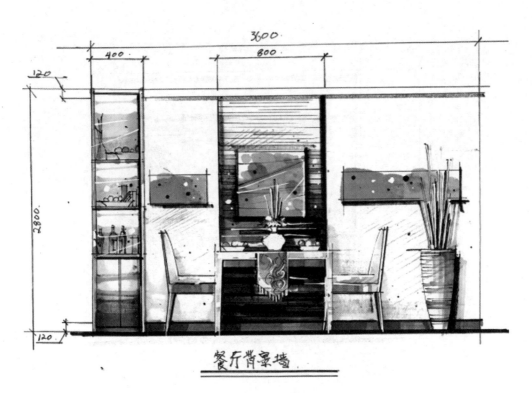

图 3-21　餐厅立面图着色效果

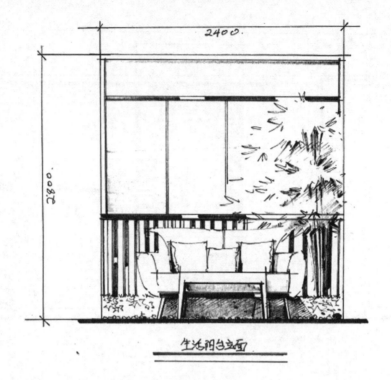

图 3-22　阳台立面图线稿

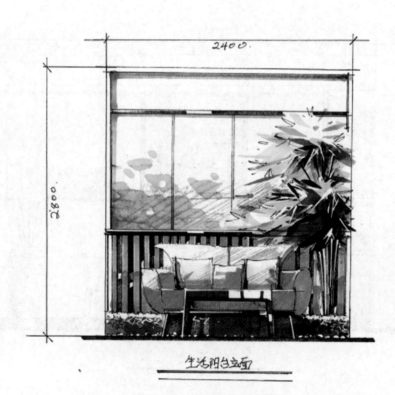

图 3-23　阳台立面图着色效果

【评价】

任务名称：

评价项目	评价内容	权重（%）	自评	组评	师评	总评（平均值）
思考与探究能力评价 10%	能主动预习本项任务，并就工作任务内容、步骤提出独立见解	4				
	能思考总结教师就本项任务提出的问题并做出正确处理	3				
	能有效收集完成本项任务所需信息并就信息做出归纳应用	3				
协作交流能力评价 20%	能准确理解小组成员的见解，并清晰表达个人意见	4				
	能就本项任务实施过程中遇到的问题进行有效交流	6				
	能概括总结上述交流成果并给出独立判断	6				
	能在任务实施过程中与小组成员紧密协作	4				
实践能力评价 20%	能依据指引独立完成简单的操作	4				
	能在教师及小组成员协作下完成较难的操作	4				
	能总结经验独立完成较难的操作	6				
	能灵活运用已掌握技能解决实践中遇到的问题	6				
任务完成效果评价 40%	任务完成方式正确	10				
	任务完成度高、效果良好	20				
	深化实践能力强	10				
情感目标完成度评价 10%	积极参与任务研究、学习及实践	4				
	尊重小组成员及指导教师	3				
	遵守教学秩序	3				
合计						

任务 2　家居空间效果图手绘表现：客厅、卧室、餐厅

【任务描述】

　　客厅、卧室、玄关、餐厅是家居空间的主要组成部分，也是家居装饰设计的重点对象，其空间效果图手绘表现是家居空间整体表现的核心内容，是设计者表达创意构思并将创意构思进行形象化再现的表现形式。它通过对空间造型、结构、色彩、质感等设计要素的客观表达，真实地再现设计者的创意，从而沟通设计者与使用者之间的视觉语言联系，使其更直观地了解设计的各项性能、构造、色彩、材料及其相互关系。

　　由于需表达的内容较多，学生需综合运用各种手绘技巧和相关知识，就空间的层次规划、装饰构造设计、家具及陈设布置、材质与光影关系等组成要素进行线稿勾勒及着色表现，从而完整地展现空间装饰设计效果。

【任务分析】

（1）家居空间效果图手绘表现的作用和目的是什么？

（2）家居空间效果图手绘表现的方式有哪些？

（3）你熟悉的手绘技法有哪些？

（4）如何根据空间特点选择表现形式？

（5）如何通过手绘效果图展现家居空间的设计成果？

（6）如何通过效果图检验及完善空间装饰设计内容？

【任务实施】

1. 客厅效果图手绘表现

客厅是家庭的活动中心，是家居中最大的开放空间，也是使用者生活起居的核心空间，其功能、动线较其他空间更为复杂，构造、家具、陈设、灯光设计等装饰要素变化丰富，是展现设计者设计能力的重要窗口，也是使用者最为关注的设计焦点。因此对这一特殊空间的效果图手绘表现尤为重要。

（1）客厅效果图线稿绘制

1）线稿绘制须注意的问题

①透视方法选择得当。

②画面布局美观。

③视点定位准确。

④透视关系精确。

⑤家具、陈设、构造、软装、材质、光影表达要为后期着色做准备。

2）客厅手绘效果图线稿绘制步骤

客厅手绘效果图基本线稿表达的内容包括客厅的建筑格局、装饰构件和家具陈设，需根据空间特点及计划表达的内容选择合适的透视方式。

步骤 1：客厅手绘效果图基础线稿绘制（以两点透视为例）。

客厅手绘效果图基础线稿包括房间建筑格局、主要硬装构件两部分，其绘制顺序为：先绘制建筑构件，后绘制装饰构件。绘制时要特别注意视点的选择，原则上视点不宜过高，宜定在 700～1000 标高处（图 3-24）。

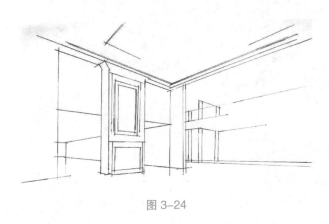

图 3-24

步骤 2：软装线稿绘制。

绘制软装线稿时，应准确表达各软装要素的尺寸、材质、位置、相互关系等内容，绘制顺序通常为先家具、再灯具、后配饰（图 3-25）。

图 3-25

步骤 3：线稿润色。

该步骤主要是针对装饰细节的图线进行修正并按需绘制其光影关系，为进一步着色做好准备（图 3-26）。

图 3-26

（2）客厅手绘效果图着色

1）着色须注意的问题

①色彩应与平立面保持一致。

②着色前应确定室内光源类型。

③着色时应充分表达各装饰要素的材质特点及其在空间中的位置关系。

④着色中应始终按照拟定的光源方向绘制室内光影关系。

2）着色绘制步骤

步骤 1：前景对象着色（图 3-27）。

图 3-27

步骤 2：墙、地面及装饰构件基调色绘制（图 3-28）。

图 3-28

步骤 3：装饰细节及室内光影关系描绘（图 3-29）。

图 3-29

2. 卧室手绘效果图

卧室是家居中重要的私密空间，其空间氛围与质感较客厅有很大差异，卧室空间手绘应营造宁静、柔和、温馨的室内环境，强化对灯光及软装的表达。

（1）卧室手绘效果图线稿绘制

1）线稿绘制须注意的问题

①依据设计特点选择合适的透视方法，一点透视所反映空间较完整，两点透视所反映空间重点较突出。

②效果图线稿应真实反映设计意图，做到与平、立面保持一致。

③绘制线稿时可根据具体情况适当绘制光影关系

④卧室有较多如床品之类的软质装饰，绘制时要特别关注对此类材质的表达。

2）卧室手绘效果图线稿绘制步骤

步骤1：选透视方式、确定视平线及灭点，并绘制主要界面（铅笔）（图3-30）。

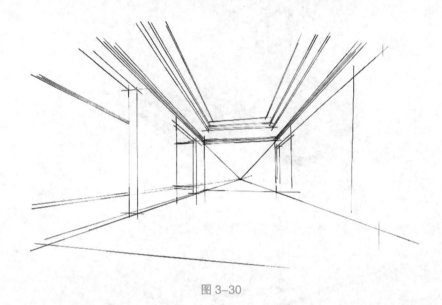

图3-30

步骤2：绘制主要家具及界面细节（铅笔）（图3-31）。

图3-31

步骤3：钢笔描线定稿并勾绘装饰细节（图3-32）。

图 3-32

步骤 4：绘制室内光影效果及配饰（图 3-33）。

图 3-33

（2）卧室手绘效果图着色

1）卧室手绘效果图着色注意事项

①色彩应真实反映设计意图，与平、立面保持一致。

②光影关系应始终依据绘制线稿时设定的光源条件绘制。

③强化对柔软材质的色彩表达。

2）卧室手绘效果图着色步骤

步骤 1：重点区域着色（图 3-34）。

图 3-34

步骤 2：绘制界面基调色及灯光效果（图 3-35）。

图 3-35

步骤 3：环境色及光影效果描绘（图 3-36）。

图 3-36

3. 餐厅手绘效果图

餐厅在家居装饰中虽不是核心空间，但其设计与表现对整体仍然起着极为重要的支持作用，随着生活方式的变化，餐厅从单纯的就餐功能演化为体现业主生活品位的复合型空间，对餐厅的手绘表现重在营造温馨、和煦的就餐氛围，重点表达各装饰要素在空间中的相互关系，餐厅的风格要与整个居室的风格须协调一致，注重餐桌、餐椅的风格、色彩定位，及顶棚造型和墙面装饰品表现。

（1）餐厅手绘效果图线稿绘制

餐厅一般的色彩配搭都是随着客厅的，因为目前国内多数的建筑设计，餐厅和客厅都是相通的，这主要是从空间感的角度来考量的。对于餐厅单置的构造，色彩的使用上，宜采用暖色系，因为在色彩心理学上来讲，暖色有利于促进食欲，这也就是为什么很多餐厅采用黄、红色系的原因。

餐厅中餐桌的选择需要注意与空间大小的配合，小空间配大餐桌，或者大空间配小餐桌都是不合适。虽然餐厅中摆放的家具并不多，但是在装修餐厅的时候，也要特别注意空间的大小及家具的尺寸，选择更加适合的餐桌椅搭配，整体的效果会更好。

1）线稿绘制须注意的问题

①依据设计特点选择合适的透视方法，与客厅相通的餐厅宜用一点透视，单置的餐厅宜用两点透视或微角透视。

②效果图线稿应真实反映空间尺度，做到与平、立面保持一致。

③绘制线稿时可根据具体情况适当绘制光影关系。

④餐厅空间相对较小，家具尺度对总体空间尺度的控制十分重要，绘制时应予以重视。

2）餐厅手绘效果图线稿绘制步骤

步骤1：定透视方式、视高、灭点，绘空间界面线稿（图3-37）。

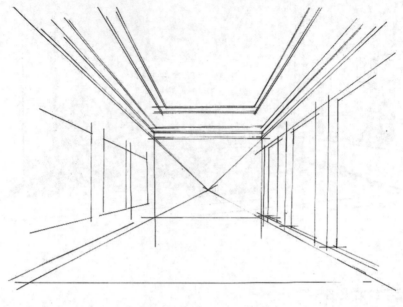

图 3–37

步骤2：绘制核心区域线稿（图3-38）。

图 3–38

步骤 3：绘制桌面陈设（图 3-39）。

图 3-39

步骤 4：绘制光影关系（图 3-40）。

图 3-40

（2）餐厅手绘效果图着色

1）餐厅手绘效果图着色注意事项

①色彩应真实反映设计意图，与平、立面保持一致。

②光影关系应始终依据绘制线稿时设定的光源条件绘制。

③餐厅空间较小，所涉及的装饰元素较少，因此其表现重点较突出，着色时要围绕该重点区域进行着色规划。

④暖色有利于促进食欲，餐厅宜采用暖光照明，着色时须注意体现光源色对空间色彩的影响。

2）餐厅手绘效果图着色步骤

步骤1：核心区域着色（图3-41）。

图 3-41

步骤2：绘制界面基调色（图3-42）。

图 3-42

步骤 3：细节表现并强化光影关系及室内灯光效果（图 3-43）。

图 3-43

【学习支持】

1. 构图特点

家装手绘效果图构图时须注意以下几点：

（1）按比例绘制，全图放于纸张中偏下的位置。

（2）视高不超过 900，常设在 700～900 高。

（3）灭点可根据需要偏左或右。

2. 阴影区处理

背光的地方可用黑色加少许阴影，也可根据所绘材质及色彩使用其他深色调进行刻画。使用比地面高的物体都需要处理阴影，阴影区的笔触要快速、自然、疏密有致。建议在绘制线稿时使用钢笔线条先确定光影关系。

3. 色彩处理

效果图着色时应与平、立面图保持一致，主色调多以暖色为主，不宜多用冷色，以营造温馨、自然的家居氛围。厨房、卫生间可适当使用冷色以体现干净、利落的感觉。效果图绘制注重表现空间层次及材质的颜色、质地，绘制时须关注相同材质在光线作用下的变化，处理好软与硬的质感区别。

【学习提示】

室内效果图手绘表现是对设计的全面展示，是客户理解设计的主要渠道，其绘制目的不仅是追求美观，更重要的是真实反映设计意图，因此其绘制过程除考虑美观外还应特别关注图面表达准确性，绘制时须做到与平、立面对应严谨、材质色彩表达准确。切忌一味追求美观而忽略实际设计内容。此外，在绘制时为确保手绘效果图的视觉稳定性，无论是绘制大空间还是小空间，视点均不宜过高。

【技能训练】

（1）请依据给出的线稿和着色步骤完成一张客厅效果图绘制（图 3-44～图 3-47，来源：卓越手绘）。

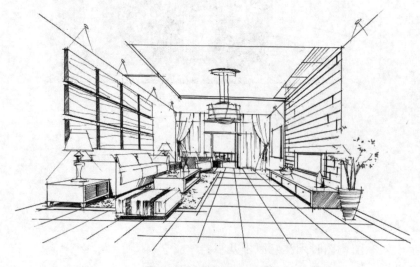

图 3-44　客厅效果图线稿

图 3-45　客厅效果图着色步骤（一）

图 3-46　客厅效果图着色步骤（二）

图 3-47　客厅效果图着色步骤（三）

（2）请参照给出的客厅效果图完成稿进行临摹绘制（图 3-48、图 3-49）。

图 3-48　客厅效果图一

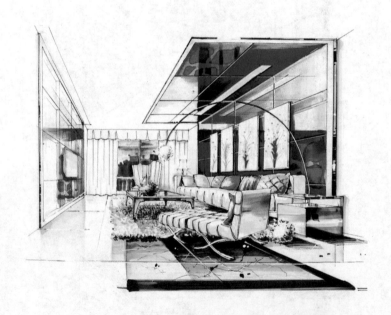

图 3-49　客厅效果图二

（3）请依据给出的卧室线稿和着色步骤完成一张客厅效果图绘制（图 3-50 ~ 图 3-53）

图 3-50　卧室手绘效果图线稿

图 3-51　卧室手绘效果图着色步骤一

图 3-52　卧室手绘效果图着色步骤二

图 3-53　卧室手绘效果图步骤三

（4）请参照给出的卧室效果图完成稿进行临摹绘制（图 3-54、图 3-55）。

图 3-54　卧室效果图一

图 3-55　卧室效果图二

【评价】

任务名称：

评价项目	评价内容	权重(%)	自评	组评	师评	总评(平均值)
思考与探究能力评价10%	能主动预习本项任务，并就工作任务内容、步骤提出独立见解	4				
	能思考总结教师就本项任务提出的问题并做出正确处理	3				
	能有效收集完成本项任务所需信息并就信息做出归纳应用	3				
协作交流能力评价20%	能准确理解小组成员的见解，并清晰表达个人意见	4				
	能就本项任务实施过程中遇到的问题进行有效交流	6				
	能概括总结上述交流成果并给出独立判断	6				
	能在任务实施过程中与小组成员紧密协作	4				
实践能力评价20%	能依据指引独立完成简单的操作	4				
	能在教师及小组成员协作下完成较难的操作	4				
	能总结经验独立完成较难的操作	6				
	能灵活运用已掌握技能解决实践中遇到的问题	6				
任务完成效果评价40%	任务完成方式正确	10				
	任务完成度高、效果良好	20				
	深化实践能力强	10				
情感目标完成度评价10%	积极参与任务研究、学习及实践	4				
	尊重小组成员及指导教师	3				
	遵守教学秩序	3				
合计						

任务3　家居空间手绘表现综合练习

【任务描述】

家居空间手绘表现综合练习包含两部分：单身公寓手绘表现和三居室装饰手绘表现。

【任务分析】

家居空间手绘表现综合练习是对已学知识与技能的综合应用，对已学内容基本掌握的可选择临摹参考图，掌握较好的可自行规划表现形式及内容。

【任务实施】

综合练习一（图 3-56 ~ 图 3-59）：

单身公寓手绘表现综合练习任务书	
工作内容	请参照给出单身公寓手绘方案图完成单身公寓手绘表现综合练习
工作步骤	1 按图示绘制平、立面及顶棚线稿
	2 平面着色与标注
	3 立面着色与标注
	4 顶棚着色与标注
	5 效果图线稿
	6 效果图着色
	7 全图修正
备注	色彩及装饰可临摹样稿，也可自行调整

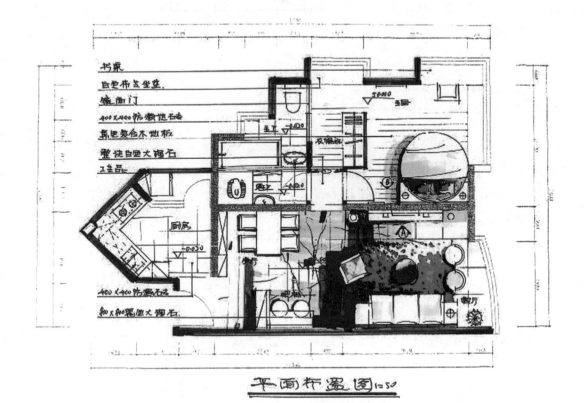

图 3-56　客厅手绘平面图

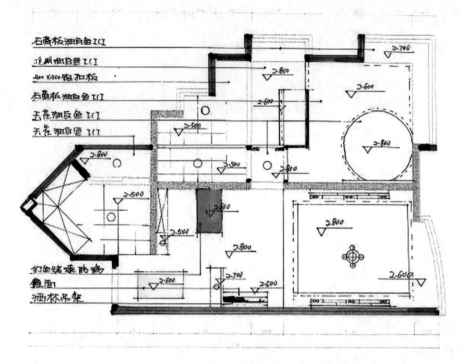

图 3-57　客厅手绘顶棚图

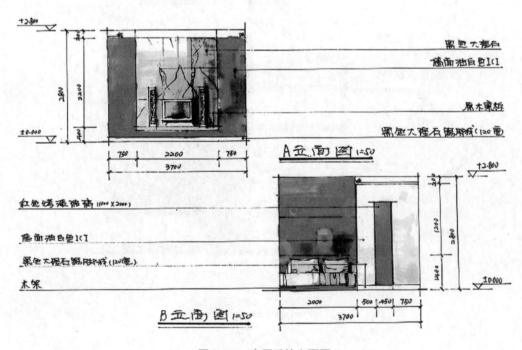

图 3-58　客厅手绘立面图

图 3-59　客厅手绘效果图参考样稿

综合练习二（图 3-60～图 3-64）：

三居室家装手绘表现综合练习任务书	
工作内容	参照给出的三居室手绘方案图进行手绘 表现训练
工作步骤	1 按图示绘制平、立面及顶棚线稿
	2 平面着色与标注
	3 立面着色与标注
	4 顶棚着色与标注
	5 效果图线稿
	6 效果图着色
	7 全图修正
备注	色彩及装饰可临摹样稿，也可自行调整

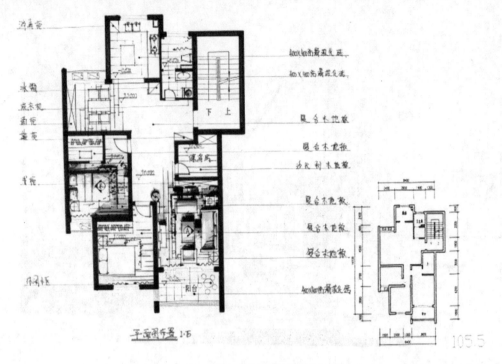

图 3-60　三居室手绘平面图

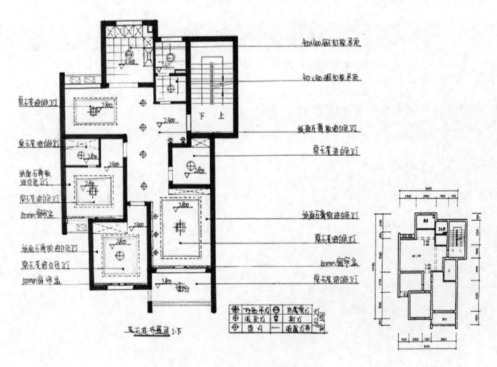

图 3-61　三居室手绘顶棚图

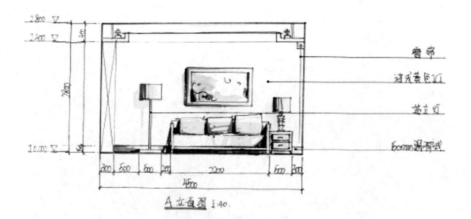

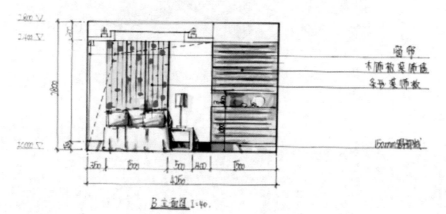

图 3-62　三居室手绘立面图

图 3-63　客厅手绘效果图

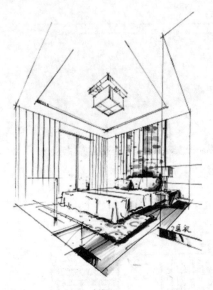

图 3-64　卧室手绘效果图

【评价】

任务名称：

评价项目	评价内容	权重（%）	自评	组评	师评	总评（平均值）
思考与探究能力评价 10%	能主动预习本项任务，并就工作任务内容、步骤提出独立见解	4				
	能思考总结教师就本项任务提出的问题并做出正确处理	3				
	能有效收集完成本项任务所需信息并就信息做出归纳应用	3				
协作交流能力评价 20%	能准确理解小组成员的见解，并清晰表达个人意见	4				
	能就本项任务实施过程中遇到的问题进行有效交流	6				
	能概括总结上述交流成果并给出独立判断	6				
	能在任务实施过程中与小组成员紧密协作	4				
实践能力评价 20%	能依据指引独立完成简单的操作	4				
	能在教师及小组成员协作下完成较难的操作	4				
	能总结经验独立完成较难的操作	6				
	能灵活运用已掌握技能解决实践中遇到的问题	6				
任务完成效果评价 40%	任务完成方式正确	10				
	任务完成度高、效果良好	20				
	深化实践能力强	10				
情感目标完成度评价 10%	积极参与任务研究、学习及实践	4				
	尊重小组成员及指导教师	3				
	遵守教学秩序	3				
合计						

项目 2 小型公共空间手绘表现

任务 1 小型公共空间平面、立面手绘表现

【任务描述】

平、立面图手绘表现是小型公共空间整体表现中的重要环节。学生需借助已掌握的手绘技巧，就空间的平面及立面设计图进行着色表现，从而对平面、立面进行材质、色彩、空间及光影层次的综合表达。公共空间功能组成复杂，功能区域划分较明显，绘制时应注重对空间组织及流线的表达。

【任务分析】

（1）小型公共空间平、立面图手绘表现的目的是什么？

（2）小型公共空间平、立面图手绘表现的方法与步骤有哪些？

（3）小型公共空间平、立面手绘表达重点与家居空间平、立面手绘的异同？

（4）如何通过平、立面图表现小型公共空间各组成要素的材质、色彩、层次、分区及流线等内容？

【任务实施】

1. 平面图手绘表现

小型公共空间功能组成较家居复杂多样，平面图是小型公共空间表现中的重要组成部分，是设计者与客户沟通的重要依据。平面图需表达出室内的空间格局、功能分区、动线组织、家具及陈设布置、风格格调等要素，是立面图与效果图的绘制依据。须确保严格按照原有设计方案进行绘制，准确使用比例与线形。在满足功能表达的基础上加强其艺术感染力，注意不同性质的空间氛围渲染。

（1）线稿绘制

1）平面图线稿绘制须注意的问题

①图线及尺寸准确。

②装饰构造合理。

③家具体量适当。

④功能分区明晰。

⑤材料表达要为后期着色做准备。

2）平面线稿绘制样图（图 3-65、图 3-66）。

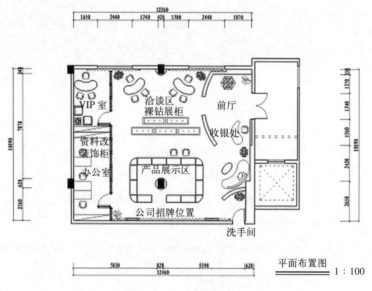

平面布置图 1∶100

图 3-65　小型公共空间平面图线稿

顶棚布置图 1∶100

图 3-66　小型公共空间顶棚图线稿

（2）平面图着色

1）平面图着色须注意的问题

①应真实反映设计意图及所用材料的真实色彩。

②注重功能及流线表达，着色应重点突出，切记满铺满画。

③须按照预设的光源方向绘制光影效果。

2）平面线稿着色样图（图 3-67、图 3-68）

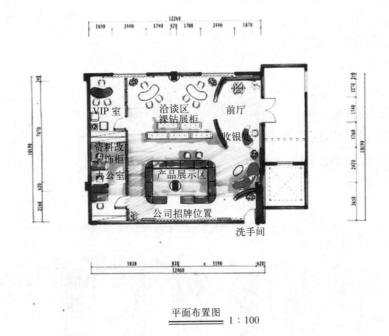

平面布置图
1 : 100

图 3-67　小型公共空间平面图线稿

顶棚布置图
1 : 100

图 3-68　小型公共空间顶棚图线稿

2. 立面图手绘表现

小型公共建筑立面图涉及较多装饰构造和家具，也是设计师的设计重点，更是展现其设计实力的重要手段。绘制立面图时，须准确表达装饰构件及家具位置关系，可用光影关系来突出造型及材质的起伏变化。

（1）线稿绘制

1）立面图线稿绘制须注意的问题

①图线及尺寸准确。

②装饰构造合理、表达清晰。

③家具尺寸准确。

④材料表达要为后期着色做准备。

2）立面线稿绘制样图（图 3-69、图 3-70）

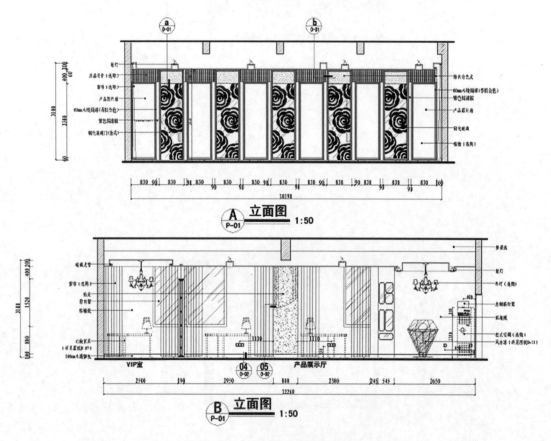

图 3-69　小型公共空间立面图线稿

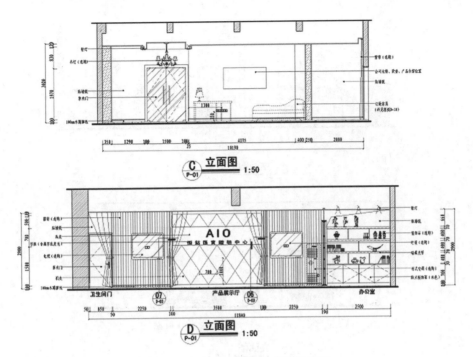

图 3-70　小型公共空间立面图线稿

（2）立面图着色

1）立面图着色须注意的问题

①应真实反映设计意图。

②立面着色应与平面保持一致。

③着色时应注意表达室内光影关系。

④着色完成后的立面图除反映相关设计元素的材质、色彩外，还应表达各要素在空间中的前后关系。

2）立面图着色样图（图 3-71）

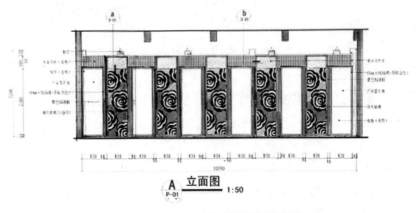

图 3-71　小型公共空间立面图线稿

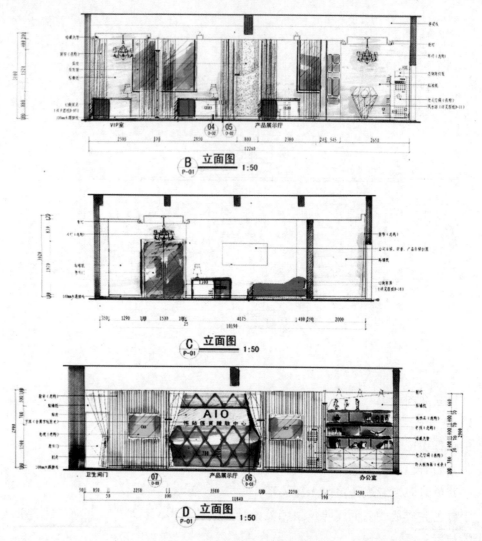

图 3-71　小型公共空间立面图线稿（续）

【学习支持】

（1）表达内容选择

公共空间平、立面图线稿绘制表达应以功能性内容为主。

（2）光影处理

光影关系常采用灯光照明效果，背光的地方可用黑色加少许阴影，也可根据所绘材质及色彩使用其他深色调进行刻画。比地面高的物体都需要处理阴影，阴影区的笔触要快速、自然。

（3）色彩处理

色彩处理应体现空间特点与性质，平、立面图着色注重表现材质的颜色，绘制平面图时室内地板和家具色彩要分开，家具着色则地面可不着色，反之亦然。墙体一般画成黑色或深灰色，家具、地面应形成强烈对比，增强图面效果的同时也有利于客户读图。

（4）立面造型

公共空间立面常依据使用性质不同采用多样化的造型设计，绘制立面图时应予以重点表现。

【学习提示】

小型公共空间平、立面图涉及的装饰性元素复杂多样，因此其绘制过程更应关注图面表达准确性，绘制时须做到平、立面对应严谨、材质色彩表达准确、标注清晰。切忌使用仅追求美观而忽略实际空间效果的表达方式。

【技能训练】

临摹任务实施阶段给出的专卖店平、立面图线稿样图，自行设计室内色彩环境并着色。

【评价】

任务名称：

评价项目	评价内容	权重（%）	自评	组评	师评	总评（平均值）
思考与探究能力评价 10%	能主动预习本项任务，并就工作任务内容、步骤提出独立见解	4				
	能思考总结教师就本项任务提出的问题并做出正确处理	3				
	能有效收集完成本项任务所需信息并就信息做出归纳应用	3				
协作交流能力评价 20%	能准确理解小组成员的见解，并清晰表达个人意见	4				
	能就本项任务实施过程中遇到的问题进行有效交流	6				
	能概括总结上述交流成果并给出独立判断	6				
	能在任务实施过程中与小组成员紧密协作	4				
实践能力评价 20%	能依据指引独立完成简单的操作	4				
	能在教师及小组成员协作下完成较难的操作	4				
	能总结经验独立完成较难的操作	6				
	能灵活运用已掌握技能解决实践中遇到的问题	6				
任务完成效果评价 40%	任务完成方式正确	10				
	任务完成度高、效果良好	20				
	深化实践能力强	10				
情感目标完成度评价 10%	积极参与任务研究、学习及实践	4				
	尊重小组成员及指导教师	3				
	遵守教学秩序	3				
合计						

任务 2 小型公共空间手绘效果图

【任务描述】

　　小型公共空间手绘表现虽然较家居手绘表现稍复杂，其空间层次更丰富、装饰手法更复杂，软装种类也更多样化，需表达的内容较多，但绘制技法与家居空间手绘表现基本一致，其作用与绘制目的也相似。

【任务分析】

　　（1）小型公共空间平、立面图手绘表现的目的是什么？
　　（2）小型公共空间平、立面图手绘表现的方法与步骤有哪些？
　　（3）你熟悉的家居空间平、立面手绘技巧与方法是哪些，如何应用于小型公共空间平立面手绘表现？
　　（4）如何通过平、立面图表现小型公共空间的组成与层次及室内色彩材质构成？

【任务实施】

　　在掌握家居空间手绘表现技法后，对小型公共空间的表现从技巧与方法上已无障碍，仅需多加练习即可掌握。
　　（1）专卖店（图 3-72、图 3-73）。

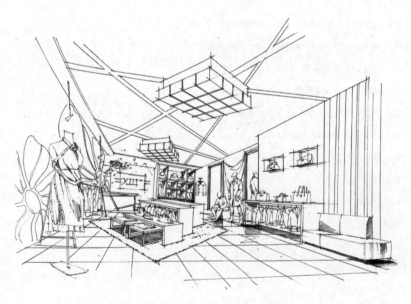

图 3-72　专卖店手绘效果图线稿

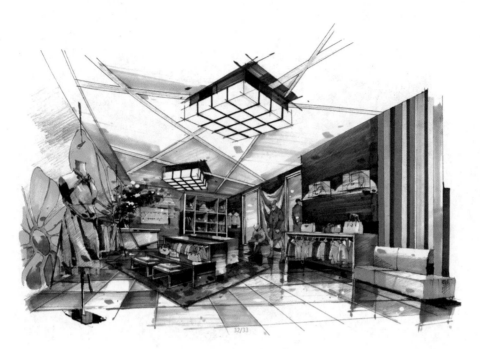

图 3-73　专卖店手绘效果图

（2）KTV 包房（图 3-74、图 3-75）。

图 3-74　酒吧包间手绘效果图线稿

图 3-75　酒吧包间手绘效果图

（3）餐厅包间（图 3-76、图 3-77）。

图 3-76　餐厅包间手绘效果图线稿

图 3–77　餐厅包间手绘效果图

（4）会议室（图 3-78、图 3-79）。

图 3–78　会议室手绘效果图线稿

图 3-79　会议室手绘效果图

（5）餐厅（图 3-80、图 3-81）。

图 3-80　餐厅手绘效果图线稿

图 3-81　餐厅手绘效果图

【学习支持】

（1）光线方向选择

小型公共空间手绘表现主要以人工照明为光源进行绘制，由于室内灯具较多，光线构成相对复杂，绘制时要确认灯具类型及照明形式，以确保光线绘制的准确性与合理性。

（2）阴影区处理

此类空间中家具、配饰等较多，光影关系复杂，绘制时需对光影关系进行概括和简化，以前景中的光影变化为主，中远景光影变化为辅，做到重点突出、表达完整。

（3）色彩处理

小型公共空间手绘表现中在色彩表达上同样要做到与设计意图相吻合，注意冷暖色搭配，确定主色调与辅助色调，着色时以前景为主要刻画对象，体现色彩、材质在光线作用下的细腻变化。

（4）绿植与陈设

绿植与陈设的绘制须与室内整体氛围相融合，用笔简练，色彩协调，切记过度刻画，以免破坏画面整体感。

【学习提示】

（1）小型公共空间手绘表现绘制过程中须注意突出重点，简化非重点内容。透视方式的选择视空间特点而定，常用微角透视与两点透视。

（2）小型公共空间手绘表现须注重空间氛围渲染，不同性质的公共空间对色彩和灯光有着不同的要求，绘制前须先做好画面规划。

【评价】

任务名称：

评价项目	评价内容	权重（%）	自评	组评	师评	总评（平均值）
思考与探究能力评价 10%	能主动预习本项任务，并就工作任务内容、步骤提出独立见解	4				
	能思考总结教师就本项任务提出的问题并做出正确处理	3				
	能有效收集完成本项任务所需信息并就信息做出归纳应用	3				
协作交流能力评价 20%	能准确理解小组成员的见解，并清晰表达个人意见	4				
	能就本项任务实施过程中遇到的问题进行有效交流	6				
	能概括总结上述交流成果并给出独立判断	6				
	能在任务实施过程中与小组成员紧密协作	4				
实践能力评价 20%	能依据指引独立完成简单的操作	4				
	能在教师及小组成员协作下完成较难的操作	4				
	能总结经验独立完成较难的操作	6				
	能灵活运用已掌握技能解决实践中遇到的问题	6				
任务完成效果评价 40%	任务完成方式正确	10				
	任务完成度高、效果良好	20				
	深化实践能力强	10				
情感目标完成度评价 10%	积极参与任务研究、学习及实践	4				
	尊重小组成员及指导教师	3				
	遵守教学秩序	3				
合计						

任务3　小型室外空间手绘表现

【任务描述】

随着现代生活质量的改善及生活方式的转变，人们对于家居景观的要求日益增强，越来越多的住宅引入了诸如小花园、入户花园、屋顶花园等室外景观元素，客户也愈来愈重视此类区域的设计，因此，对室外空间的手绘表现除完成传统外部空间表现外，还应增强对小型环境景观的手绘表现训练。

【任务分析】

（1）小型室外空间手绘手绘表现的目的是什么？

（2）小型室外空间手绘表现的方法与步骤有哪些？

（3）你熟悉的手绘技巧与方法有哪些，如何应用于小型室外空间手绘表现？

（4）如何选择合适的透视方式？

（5）小型室外空间手绘表现重点是什么？

（6）如何表达小型室外空间中光影效果？

【任务实施】

在掌握家居空间及小型公共空间手绘表现技法后，学习小型室外空间手绘表现从技巧与方法上已没问题，但就构图及表现方式上仍需适当调整。

1. 小型室外空间的绘制内容

（1）植物

植物是室外景观中的重要组成部分，对植物的表现可根据实际情况选择光影画法或造型画法。一般近景树采用光影与造型画法组合应用表现植物的具体形态，中远景植物采用光影画法表现植物的体积与总体形态（图 3-82）。

图 3-82

（2）山石

山石是园林置景中的重要组成部分，山石的表现主要是通过光影画法表现山石的体量感。绘制时要注意不同石材的形态与肌理描绘。当山石与水景组合时，要着力刻画水中倒影的变化（图 3-83）。

图 3-83

（3）水景

水是透明无形的，对水的刻画应着力于绘制周边景观在水中的倒影及水波变化。绘制倒影不必过细，以展现画面整体感为目的，体现出水体的流动感即可，水波纹中须有邻近物体及天空的反射色彩（图 3-84）。

图 3-84

（4）园建小品

园建小品包括窗、门、廊架、栏杆、花钵、椅子、灯具、装饰小品等，绘制重点是造型及材质表达（表 3-1、图 3-85）。

园建小品材质及画法　　　　　　表 3-1

材质	画法
木材类	1. 刻画厚度及裂纹细节 2. 用半干的马克笔画木纹 3. 按需留出高光 4. 可用彩色铅笔进行调整
金属类	1. 抛光金属具有强反射高对比的特点，暗色加重、亮色提亮，边缘柔和处理 2. 反射的影像略有变形，凸面压缩反射，凹面放大反射
石材类	1. 片石类石材划分自然，石片排列自然，不宜过碎以免破坏画面整体性 2. 卵石类石材绘制时须区分景深，前景刻画时要以深色绘制石缝，以形成与地面的嵌入感。中远景只提示石块形态即可，钩画时要疏密有致，成"S"形布置
景墙 雕塑	1. 绘制重点是景墙、雕塑的体积与质感 2. 保持透视关系正确 3. 表达光影关系时，加重投影的绘制，以增强景墙、雕塑的体积感
背景建筑	1. 适度取舍建筑细节，但须保证透视正确，结构清晰 2. 着色时可用彩铅照一层灰色或蓝紫色降低背景明度和对比度

图 3-85

2. 小型室外空间绘制要点

（1）透视方法的选择及绘制要点

小型公共空间手绘表现绘制过程中须注意突出重点，简化非重点内容。透视方式的选择视空间特点而定，常用微角透视与两点透视。

（2）手绘表现重点

室外空间构成元素多样，光源以自然光为主，光影关系复杂，为保证凸面效果，绘制前应先做好画面规划，其中重点是做好景深的规划以确保画面透视准确、主次分明。

3. 小型室外空间绘制步骤及实践

（1）小型室外空间绘制步骤

步骤一：绘制线稿（图 3-86）。

图 3-86

步骤二：前景着色（图 3-87）。

图 3-87

步骤三：中景着色（图 3-88）。

图 3-88

步骤四：全图修正（图 3-89）。

图 3-89

【技能训练】

参照给出的小型室外空间手绘效果图进行临摹（图 3-90 ~ 图 3-99）。

图 3-90　山体景观

图 3-91　水景墙

图 3-92　水景廊道

图 3-93　置石小景

图 3-94　绿墙喷泉

图 3-95　阳台绿植

图 3-96　水体小景

图 3-97　小型园建

图 3-98　入口小景

图 3-99　花园小景

【学习支持】

（1）视点选择和构图

视点选择时要避免造成景物前后遮挡，选取最能体现景观特点的角度。构图是要合理规划前景、中景、背景，其中中景是表达重点，需要刻画细致、结构清晰。当前景与中景冲突时，前景可不上色，只以线稿表现，以突出中景。背景作为形成画面纵深感的重要组成部分，绘制时不宜刻画过细，宜作虚处理，以拉大景深。

（2）线稿绘制

绘制线稿时的勾画顺序为：从外往里、从前景往背景画。做到前景详实、中景细致、背景虚化。

（3）色彩处理

着色时先定基调色并初步完成明暗关系绘制；然后在画面中加入对比色，并对已定基调色的部分进一步刻画细节、加强明暗关系表达；最后集中调整中景，加绘倒影、阴影，修正色调并增强画面层次感至最终完图。

（4）天空的表现

天空是室外空间手绘表现区别于室内空间手绘表现的关键元素，绘制时须依据画面特点做好调整，具体方式如下：

◆　天空面积大小对手绘表现的影响：天空绘制时须依据其所占画面比例调整表现方式，如天空面积较小，绘制时须将云朵的形态、色彩表现得丰富些；反之则应淡化天空色彩表现。

◆　天空的色彩表达：天空着色时切忌将蓝色天空画得过于单调。天空的蓝色会随距离光源远近及与地面的距离而发生改变。靠近太阳处蓝色较淡，远离的则蓝色较深，天空呈自上而下由深至浅的渐变，上部远离地面色彩偏紫蓝色，下部离地较近，受空气中的尘埃、水气及地面植被等影响，色彩呈现灰蓝色并稍偏绿。

◆　天空与园林建筑的明暗关系：天空暗则园林建筑亮，反之天空亮则园林建筑暗。

【学习提示】

小型室外空间手绘表现无论构图、色彩、内容、技法等方面均较室内空间表现更复杂，在绘制时应有效避免出现下列问题：

（1）构图呆板、忽视画面收边

室外空间中的物体放置角度多变，大多并不保持平行状态，绘制透视线稿时不应过分依赖呆板的透视方法，应做到灵活处理，确保画面的生动感。此外室外景观面积较大，手绘表现的往往只是其中的一个局部，画面的收边处理应自然生动，确保不破坏画面完整性，常用方式为利用前景植物、置石或水体收边。

（2）技法使用不当

室外景观中有大量植物、置石、雕塑等元素，绘制时切忌使用破碎的线条，过多的碎线会对画面着色造成极大影响，绘制时应确保线条的连贯清晰，以免造成画面松散、造型不清的问题。此外，画面中各组成部分的比例关系也关系到表现的成败，绘制前应做好预案，突出绘制重点，合理布置多项组合物体间的比例关系。

（3）着色误区

◆　材质表达不清：材质是反映室外景观中造型物质感的重要部分，绘制时切忌重色彩轻材质的表达方式，应在线稿阶段就为材质表达打好基础。

◆　色彩浑浊、光感不佳：在着色阶段因涉及大量组合物体着色，特别是植物、置石等复合型景观，上色时应着力利用色彩明暗变化区分景深关系。此外绘制室外景观时，除特殊要求外，均建议绘制晴天效果，表现强日光下物体的丰富明暗变化，增强其立体感和丰富色彩。

【评价】

任务名称：

评价项目	评价内容	权重（%）	自评	组评	师评	总评（平均值）
思考与探究能力评价10%	能主动预习本项任务，并就工作任务内容、步骤提出独立见解	4				
	能思考总结教师就本项任务提出的问题并做出正确处理	3				
	能有效收集完成本项任务所需信息并就信息做出归纳应用	3				
协作交流能力评价20%	能准确理解小组成员的见解，并清晰表达个人意见	4				
	能就本项任务实施过程中遇到的问题进行有效交流	6				
	能概括总结上述交流成果并给出独立判断	6				
	能在任务实施过程中与小组成员紧密协作	4				
实践能力评价20%	能依据指引独立完成简单的操作	4				
	能在教师及小组成员协作下完成较难的操作	4				
	能总结经验独立完成较难的操作	6				
	能灵活运用已掌握技能解决实践中遇到的问题	6				
任务完成效果评价40%	任务完成方式正确	10				
	任务完成度高、效果良好	20				
	深化实践能力强	10				
情感目标完成度评价10%	积极参与任务研究、学习及实践	4				
	尊重小组成员及指导教师	3				
	遵守教学秩序	3				
合计						

任务 4　小型公共空间手绘表现综合练习

【任务描述】

小型公共空间手绘表现综合练习包含两部分：平立面绘制、手绘效果图制作。

【任务分析】

小型公共空间手绘表现综合练习是对已学知识与技能的综合应用，对已学内容基本掌握的可选择临摹参考图，掌握较好的可自行规划表现形式及内容。

【任务实施】

综合练习（图 3-100 ～图 3-104）：

小型公共空间手绘表现综合练习任务书	
工作内容	请参照给出小型公共空间手绘方案图完成手绘表现综合练习
工作步骤	1 按图示绘制平、立面及顶棚线稿
	2 平面着色与标注
	3 立面着色与标注
	4 顶棚着色与标注
	5 效果图线稿
	6 效果图着色
	7 全图修正
备注	色彩及装饰可临摹样稿，也可自行调整

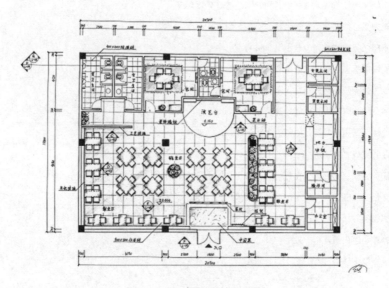

图 3-100　餐厅手绘平面图

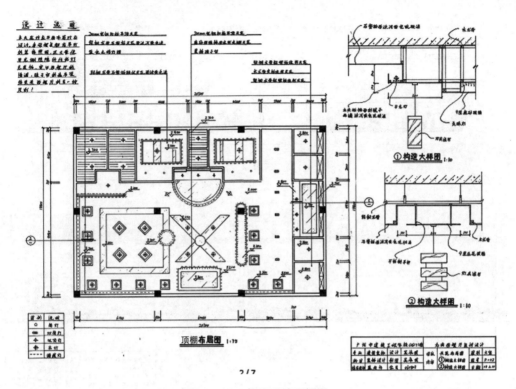

图 3-101　餐厅手绘顶棚图

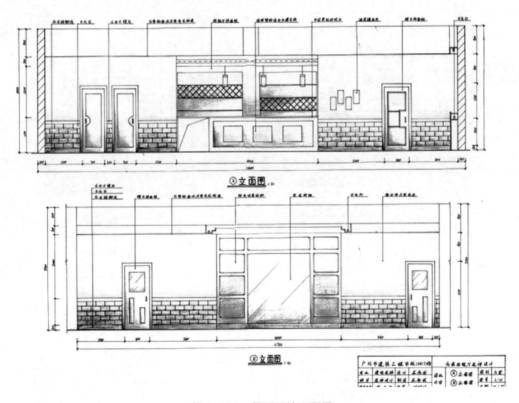

图 3-102　餐厅手绘立面图

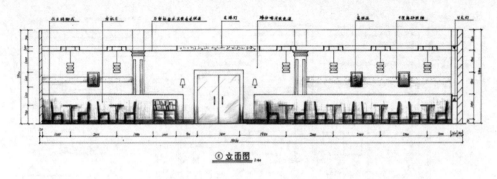

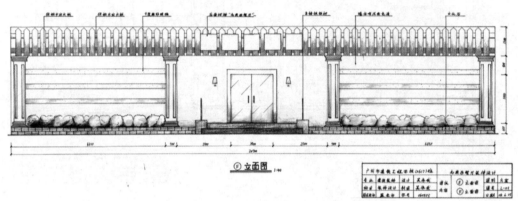

图 3-102　餐厅手绘立面图（续）

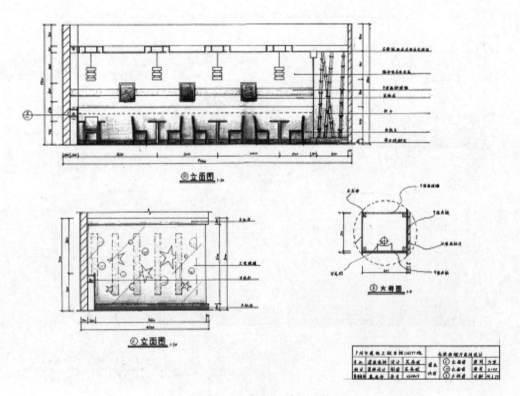

图 3-103　餐厅手绘效果图

包间效果图

图 3-104　餐厅手绘效果图

【评价】

任务名称：

评价项目	评价内容	权重（%）	自评	组评	师评	总评（平均值）
思考与探究能力评价 10%	能主动预习本项任务，并就工作任务内容、步骤提出独立见解	4				
	能思考总结教师就本项任务提出的问题并做出正确处理	3				
	能有效收集完成本项任务所需信息并就信息做出归纳应用	3				
协作交流能力评价 20%	能准确理解小组成员的见解，并清晰表达个人意见	4				
	能就本项任务实施过程中遇到的问题进行有效交流	6				
	能概括总结上述交流成果并给出独立判断	6				
	能在任务实施过程中与小组成员紧密协作	4				

续表

评价项目	评价内容	权重（%）	自评	组评	师评	总评（平均值）
实践能力评价 20%	能依据指引独立完成简单的操作	4				
	能在教师及小组成员协作下完成较难的操作	4				
	能总结经验独立完成较难的操作	6				
	能灵活运用已掌握技能解决实践中遇到的问题	6				
任务完成效果评价 40%	任务完成方式正确	10				
	任务完成度高、效果良好	20				
	深化实践能力强	10				
情感目标完成度评价 10%	积极参与任务研究、学习及实践	4				
	尊重小组成员及指导教师	3				
	遵守教学秩序	3				
合计						